Lalanne Léon

Essai philosophique sur la technologie

1840

ESSAI PHILOSOPHIQUE

SUR LA

TECHNOLOGIE,

PAR

LÉON LALANNE,

INGÉNIEUR DES PONTS ET CHAUSSÉES.

(Extrait de l'*Encyclopédie nouvelle.*)

PARIS.

IMPRIMERIE DE BOURGOGNE ET MARTINET,

RUE JACOB, 30.

1840.

TABLE DES MATIÈRES.

§ 7. De la cerdoristique et de l'économie industrielles.

§ 8. Réflexions sur l'histoire et sur la tendance de la technologie.

ESSAI PHILOSOPHIQUE

SUR LA

TECHNOLOGIE.

Dérivé de deux noms grecs, τέχνη *art*, *métier*, et λόγος *discours*, le mot TECHNOLOGIE semble devoir embrasser la connaissance de tous les procédés des arts. Mais nous l'appliquerons, dans un sens plus restreint, à la science des procédés par lesquels l'homme agit sur les forces et sur les matières premières fournies par la nature organique et inorganique, pour approprier ces forces et ces matières à ses besoins ou à ses jouissances. Nous séparerons donc complétement de la technologie proprement dite l'*agriculture* ou l'art de produire les végétaux, et la *zootechnie* ou l'art de dominer, d'asservir et d'utiliser les animaux, sciences qui s'exercent sur la nature vivante, et qui ont pour objet la production d'une partie des forces et des matières premières que la technologie met en œuvre. Il est vrai que, dans leurs pratiques, l'agriculture et la zootechnie sont obligées de faire des emprunts continuels à la technologie; c'est à celle-ci qu'elles demandent les outils, les instrumens, les machines, les constructions et une foule de procédés sans lesquels la culture de la terre et la conservation ou la capture des animaux deviendraient impossibles : mais l'intervention de la force vitale propre aux êtres compris dans le règne végétal et dans le règne animal, établit une ligne de démarcation tranchée entre la technologie d'une part, et de l'autre entre l'agriculture et la zootechnie spéciales.

§ 1. *Considérations sur la classification des différentes branches de la technologie.*

Ainsi réduite à des bornes moins étendues, la technologie comporte encore une variété si prodigieuse dans ses moyens d'action, qu'il est indispensable d'établir une classification entre les branches diverses dans lesquelles elle se divise. Il est aussi curieux que philosophique d'examiner quelques unes des tentatives qui ont été faites pour coordonner méthodiquement les arts et les procédés technologiques, depuis que leur nombre s'est accru et que leurs bases ont été constituées de manière à faire sentir le besoin d'une classification, c'est-à-dire depuis le milieu du siècle dernier. Prenons l'Encyclopédie de d'Alembert et de Diderot. Dans le tableau raisonné des connaissances humaines, les arts, métiers et manufactures sont rangés comme une dépendance de l'histoire naturelle sous l'empire de la mémoire. Leur énumération comprend :

1° Travail et usages de l'or et de l'argent, d'où les états de *monnayeur*, de *batteur d'or*, de *fileur d'or*, de *tireur d'or*, d'*orfèvre*, de *planeur*, de *metteur en œuvre*, etc.

2° Travail et usages des pierres fines et précieuses, d'où *lapidaire*, *diamantaire*, *joaillier*, etc.

3° Travail et usages du fer, d'où *grosses forges*, *serrurerie*, *taillanderie*, *armurerie*, *arquebuserie*, etc.

4° Travail et usages du verre, d'où *verrerie*, *glaces*, *miroitier*, *lunetier*, *vitrier*, etc.

5° Travail et usages des peaux, d'où *tanneur*, *chamoiseur*, *peaussier*, *gantier*, etc.

6° Travail et usages de la pierre, du plâtre, de l'ardoise, d'où *architecture pratique*, *sculpture pratique*, *maçon*, *couvreur*, etc.

7° Travail et usages de la soie, d'où *tirage*, *moulinage*, *ouvrages divers* tels que *velours*, etc.

8° Travail et usages de la laine, d'où *draperie*, *bonneterie*, etc.

. . . .

Il suffit de jeter les yeux sur cette énumération des professions manuelles qui avaient le plus d'importance à l'époque où écrivait d'Alembert, pour reconnaître que l'on y rapproche des procédés complétement différens, et que l'on en sépare d'autres qui offrent entre eux la plus grande analogie. On ne peut établir de comparaison sérieuse entre le métier de vitrier qui adapte des plaques de verre aux châssis des croisées de nos habitations, et l'art de l'opticien qui taille des masses de flint-glass et de crown-glass pour en composer des lunettes d'approche. Ne voit-on pas au contraire qu'il y a beaucoup plus de similitude entre les métiers de tailleur et de gantier qu'entre celui de gantier et de tanneur? Le vice principal de cette classification tient à ce que l'on a réuni dans un même groupe tous les corps d'états qui travaillent sur la même matière première. Au point de vue du dix-huitième siècle, on faisait ainsi abstraction de l'homme, de ses idées et de ses besoins, même dans les principes d'une science qui n'existe que pour lui et par lui; on rapportait tout à la *nature*, et on ne distinguait les procédés technologiques que par l'essence même de la substance à façonner. Pour compléter quelques unes des principales lacunes que présentait son tableau, d'Alembert rangeait d'autres branches de la technologie à la suite des théories scientifiques dont elles offrent des applications, et il ne nous paraît pas avoir été plus heureux en prenant cette autre base de la classification. C'est ainsi que l'*architecture navale* et la *navigation* sont regardées par lui comme des branches de l'*hydrodynamique*, l'une des sciences qui dépendent de la *raison*. Mais qui ne verra à quel point est peu naturel un rapprochement entre l'art de construire la machine, le bâtiment muni de ses agrès, et l'art de gouverner cette machine et de la diriger sur l'Océan? Combien d'illustres navigateurs n'auraient pu entreprendre la construction d'une chaloupe, et combien de bons charpentiers de marine ne sauraient déterminer la latitude en mer par l'observation des astres!

Depuis la publication de l'Encyclopédie du dix-huitième siècle, nous ne savons pas que l'on ait fait en France aucune tentative sérieuse pour établir d'une manière détaillée et approfondie une classification vraiment philosophique des différentes branches de la technologie. Dans l'introduction du Dictionnaire de technologie en vingt-deux volumes, dont la publication a été achevée depuis peu d'années, on ne pose que les deux grandes divisions, *industrie agricole*, *industrie manufacturière*, cette dernière comprenant les *arts chimiques et physiques*, et les *arts purement mécaniques et de calcul*. On omet donc ainsi la zootechnie, ou bien on la comprend implicitement, à tort suivant nous, dans l'agriculture. Quant à un tableau méthodique des arts et procédés de la technologie, on le chercherait en vain dans cet ouvrage, quoiqu'il ait été annoncé à la fin de l'introduction.

La *Philosophie des manufactures* du docteur Andrew Ure, offre des résultats moins satisfaisans encore, dans le chapitre intitulé *Classification et rapports des manufactures entre elles*. Après avoir séparé les arts mécaniques des arts chimiques, M. Ure se plaçant au point de vue exclusif du physicien, range les premiers sous treize titres qui se rapportent, suivant lui, aux propriétés physiques et mécaniques de la matière, savoir : la *divisibilité*, l'*impénétrabilité*, la *porosité*, la *cohésion*, la *ductilité*, la *malléabilité*, l'*inertie*, la *gravitation*, l'*élasticité*, la *mollesse*, la *ténacité*, la *fusibilité*, la *cristallisabilité*. Pour faire sentir tous les inconvéniens de la méthode, il suffira de donner quelques unes des conséquences étranges auxquelles elle a conduit l'ateur. C'est ainsi que sous le titre général : *divisibilité*, sont compris le *forage*, le *polissage*, la *fonte* et la *granulation du plomb de chasse*, et le *labourage de la terre*. Au *forage* se rapporte l'art de créer les puits artésiens, aussi bien que la manière de percer des trous dans les plaques métalliques déstinées aux chaudières des machines à vapeur. La *fabrication des verres d'optique* et la *coutellerie* sont accolées l'une à l'autre comme des variétés de l'opération du *polissage*, etc., etc. Cette classification a d'ailleurs le vice radical, pour une classification scientifique, de ne considérer à la fois qu'un seul des caractères de l'opération technologique, et d'être par conséquent tout-à-fait fautive, même au point de vue où l'auteur s'est placé. Car il serait difficile de citer beaucoup de procédés, où la plupart des propriétés physiques essentielles à la matière, ne soient pas mises en jeu successivement ou à la fois.

Lorsqu'il s'agit de classer un ensemble d'êtres ou d'objets d'une même essence, trois méthodes se présentent : 1° la méthode naturelle, qui fait entrer en ligne de compte, avec le degré d'importance qui leur est propre, tous les caractères que possèdent individuellement les êtres de la série à ordonner ; 2° la méthode artificielle, où l'on ne considère que les modifications d'un seul caractère appartenant à tous ; 3° la méthode empirique fondée sur des considérations particulières qui peuvent être en dehors de la nature même de cet être. Il est complétement inutile de nous arrêter à la recherche d'une classification fondée sur l'une des deux premières méthodes ; nous rencontrerions des difficultés probablement insurmontables, et des inconvéniens analogues à ceux que nous avons signalés dans les essais tentés jusqu'à présent. La méthode empirique, au contraire, peut être appliquée avec succès à l'étude de la technologie, lorsque l'on prend pour base les besoins de l'homme, c'est-à-dire l'origine même et le but de la science : car on est certain de grouper ainsi les différens procédés des arts, de la manière la plus conforme au rôle qu'ils sont destinés à jouer à l'égard de l'individu et de la *société*. Nous diviserons donc la technologie en sept branches principales qui embrasseront :

1° La préparation des matières premières.

2° La nourriture de l'homme, en y comprenant ce qui a rapport aux médicamens intérieurs.

3° Les vêtemens.

4° Les changemens dans l'extérieur du globe, pour le rendre conforme à nos desseins.

5° Le mobilier, les ustensiles, les outils et les machines.

6° Les modifications dans la nature ou dans l'apparence des objets pour les approprier à différentes destinations.

7° Les instrumens et procédés employés dans la pratique des sciences et des beaux-arts.

Cette division a les avantages et les inconvéniens des classifications empiriques, c'est-à-dire qu'il n'y aurait pas de métier qu'il ne fût possible de ranger dans une des sept classes principales ; mais un grand nombre d'entre eux se rapporteraient à des classes différentes et devraient être cités plusieurs fois. Comme nous n'entreprenons pas une énumération complète, mais plutôt une *indication sommaire* des principaux procédés technologiques considérés dans leur but, nous avons jugé ces répétitions inutiles. Les différens points de vue sous lesquels nous nous proposons d'envisager successivement la technologie, nous permettront de suppléer, par un assez grand nombre d'exemples, à ce que la nomenclature abrégée qui va suivre présenterait de trop incomplet.

§ 2. *But des principaux procédés technologiques.*

1° La préparation des matières premières renferme des procédés aussi importans que variés. Car, sans parler de ce qui est exclusivement du ressort de l'agriculture et de la zootechnie, on voit que ces deux branches d'industrie livrent un grand nombre de produits bruts, que la technologie doit transformer avant de pouvoir les appliquer à aucun usage. Il faut rouir le chanvre et le lin pour en extraire les fibres *propres à être filées et tissées; il* faut tanner et corroyer les peaux, pour les rendre utiles au peaussier et au bottier, à une foule d'autres artisans, etc.

L'exploitation des mines doit être placée en première ligne parmi les industries qui ont pour but de fournir aux autres des matériaux. Car elle compose, avec l'agriculture et la zootechnie, l'ensemble des procédés par lesquels nous empruntons à la nature organique ou inorganique les corps dont nous avons besoin. Envisagée d'une manière générale, *l'exploitation s'exerce sur des objets* d'espèces bien différentes, et de beaucoup de manières. C'est à elle que nous devons les minerais dont nous extrayons toutes les substances métalliques; les roches que nous transformons par la cuisson en chaux et en plâtre; les argiles que nous façonnons en briques, en tuiles et en poteries; les pierres que nous taillons pour nos constructions; la houille, destinée à la combustion pour le chauffage, pour l'éclairage et pour le mouvement des machines à vapeur; les eaux artésiennes que le trou de sonde va chercher quelquefois à une profondeur de 500 mètres; les roches dures et les pierres précieuses employées dans les arts de luxe et d'ornement, etc., etc.

La filature des différentes matières textiles et le tissage des étoffes à l'aide du fil obtenu, peuvent être considérées comme appartenant à la préparation des matières premières, parce que ces produits sont destinés à des usages très variés. Pour donner une idée de l'importance des procédés dont nous venons de présenter une indication sommaire, il nous suffira de rappeler que c'est à la houille, à la fonte et au fer fournis par l'industrie minérale, et à l'incontestable supériorité des procédés de filature et de tissage (surtout pour le coton), que l'Angleterre a dû cet état de prospérité commerciale et de richesse, dont les autres nations sont encore si éloignées.

2° Le premier besoin de l'homme est de nourrir et d'alimenter son corps; la technologie doit y satisfaire. L'agriculture et la zootechnie ont fourni les matières, mais à l'état brut; l'industrie les prépare de manière à faciliter le travail de la digestion et de l'assimilation. Elle préside à la confection du pain, des boissons et de la cuisine: elle comprend donc les métiers de boulanger, de cuisinier, de fabricant de vins, de brasseur, de pâtissier, de crémier, de confiseur, de gaufrier, de laitier, de limonadier, de liquoriste, de moutardier, de vermicellier, de vinaigrier, etc. Les expressions manqueraient si l'on voulait désigner d'une manière précise tous les procédés par lesquels l'homme a cherché à satisfaire la sensualité de son palais plutôt qu'à son besoin de nourriture. Aucune des professions qui viennent d'être désignées n'est nuisible par elle-même; toutes ont même un certain degré d'utilité pour le régime diététique; mais l'abus que l'on a fait des moyens dont elles disposent, est un des travers les plus déplorables de la nature humaine. Lorsque nous voyons chaque jour disparaître de la surface du globe, les malheureux restes des tribus sauvages auxquelles des nations policées n'ont pas rougi de distribuer des flots d'*eau de feu* comme unique bienfait de la civilisation, ne sommes-nous pas en droit de répéter avec tristesse: *Plures gula quàm gladius interficit!*

On peut rapprocher jusqu'à un certain point, de la préparation des alimens, celle de certaines substances solides ou liquides que l'homme doit prendre à l'intérieur, comme moyens préservatifs ou curatifs des maladies. De là naît l'industrie exercée par les droguistes et par les pharmaciens.

3° Après la nourriture, le vêtement est ce qui est le plus nécessaire au corps. On sépare en diverses catégories les métiers qui nous fournissent des vêtemens suivant la nature de l'étoffe et de la forme qu'elle doit recevoir. Lorsque le corroyeur, le fourreur, le peaussier, le tanneur ont fait subir à la matière première les préparations convenables, le bottier, le cordonnier, le chapelier, le pantouflier la façonnent. Après que l'on a préparé le fil qui est l'élément de tous les tissus de chanvre, de lin, de laine, de coton et de soie, et que le toilier, le tisserand, les fabricans de bure, de draps, de couvertures, de camelot, de tapis, de calicots, de bas, de velours, de rubans, de soieries, de gaze, de dentelle, de tulle, de broderie, de cachemires, de bonneterie, de passementerie, etc., en ont tiré des étoffes de nature diverse, d'autres artisans façonnent celles-ci en forme d'habillemens : le costumier, la couturière, la lingère, la modiste, le tailleur, les découpent avec art, et les assemblent suivant des règles déterminées plus souvent par l'usage ou par le caprice de la mode, que par la convenance ou par l'utilité. La blanchisseuse, le dégraisseur et le fripier nettoient ou restaurent les vêtemens de manière à les faire servir de nouveau, soit aux personnes qui les ont portés, soit aux classes pauvres qui peuvent les acheter à bas prix.

4° Les procédés par lesquels la technologie modifie le relief du globe sont, sans contredit, ceux qui nous frappent le plus par la grandeur et par la durée de leurs effets, comme par la puissance des moyens qu'lle emploie. C'est à eux qu'il faut rapporter toute la pratique de l'architecture civile et militaire : les travaux relatifs aux voies de communication par terre et par eau, aux routes, aux chemins de fer, à la canalisation des rivières, à l'établissement des canaux proprement dits, à la construction, à la défense et à la conservation des ports maritimes ; les ouvrages propres à assurer la défense des frontières ; les desséchemens, les irrigations, les endiguemens, à l'aide desquels on assainit, on fertilise ou l'on préserve des contrées entières contre les attaques des élémens. Les progrès rapides que cette partie de la technologie a faits depuis la fin du siècle dernier, le développement que les chemins de fer et les grandes lignes de navigation ont pris en moins de trente années dans l'ancien et dans le nouveau monde, font pressentir l'immense influence qu'elle est appelée à exercer sur les destinées des nations. Les principales industries qui s'y rattachent sont celles du maçon, de l'appareilleur, du charpentier, du terrassier, du vitrier, du couvreur, etc., etc.

5° Le mobilier et les ustensiles qui doivent être réunis dans les différens édifices de l'architecture civile et militaire dépendent d'un grand nombre de métiers. Le menuisier, le fabricant de meubles et l'ébéniste donnent les siéges, les tables et les bois de lit. Le matelassier et le tapissier garnissent ces meubles, le sol et les ouvertures de l'appartement. Le fumiste prépare les fourneaux de la cuisine et les foyers de la maison. Le chaudronnier, le ferblantier, le lampiste, le miroitier, et surtout le quincaillier, livrent la plupart des objets nécessaires à la vie intérieure.

Quant aux *outils* et aux *machines*, on comprend sous ce nom un nombre si considérable d'objets de nature diverse, qu'il est impossible d'entreprendre leur énumération. Comme les machines se multiplient tous les jours, elles se sont introduites peu à peu jusque dans l'intérieur des habitations pour les usages ordinaires de la vie. Les pendules et les montres, les lampes à mouvement d'horlogerie, les tourne-broches, etc., offrent des exemples vulgaires de ce genre. Mais la destination la plus fréquente des outils et des machines est de servir à fabriquer d'autres objets applicables aux divers besoins de l'homme. Il serait assez difficile d'établir d'une manière nette le point où l'outil devient une machine ; on peut dire cependant qu'une machine est un assemblage de plusieurs pièces dont chacune a un mouvement particulier qui concourt au mouvement général, tandis qu'un outil est simple de sa nature, ou bien est composé de parties qui ont le même mouvement que l'ensemble.

6° Les modifications que l'homme fait éprouver à la nature ou à l'apparence des corps, donnent lieu à une multitude de procédés que l'on ne pourrait guère ranger dans aucune des classes précédentes. Nous citerons d'abord ce qui a rapport au chauffage et à l'éclairage. Les connaissances relatives à ces deux objets constituent dans la technologie des branches intéressantes qui ont fait des progrès surprenants depuis la fin du siècle dernier. Nous nommerons ensuite les arts graphiques ou d'imitation des formes, y compris la gravure et l'imprimerie. On peut aussi ranger dans cette catégorie certaines préparations que l'on fait subir aux étoffes, et en particulier l'art de la teinture; puis les industries qui ont pour but d'orner l'extérieur et l'intérieur des bâtiments par les couleurs appliquées immédiatement, par le stuc ou par les papiers peints. Il est facile de voir, d'après ces indications, que les réactions chimiques jouent le plus grand rôle dans cette classe de procédés.

7° Toutes les personnes adonnées à la pratique des sciences et des beaux-arts savent combien d'instrumens et de procédés utiles et ingénieux la technologie leur fournit. Parmi les sciences proprement dites, il n'y en a qu'une seule, celle des mathématiques pures, qui puisse se passer des arts industriels. Mais il n'y a pas d'astronomie sans lunettes et sans cercles gradués; pas de physique sans appareils propres à faire découvrir les propriétés de la matière pondérable et impondérable; on ne peut concevoir ni peinture, ni sculpture, ni musique, sans l'aide des artisans qui préparent les instrumens et les matières premières. De là les industries de l'opticien, du constructeur d'appareils de physique et de mathématiques, du fabricant et du préparateur de couleurs, du praticien qui dégrossit le marbre, du luthier et du facteur d'instrumens de musique, etc.

§ 3. *Nature des principaux procédés technologiques.*

La distinction si naturelle et si simple, en apparence, entre les arts chimiques et physiques d'une part, et entre les arts purement mécaniques et de calcul d'autre part, disparaît complétement dans la pratique où des procédés de l'une et de l'autre espèce sont mis en œuvre par une même industrie. Prenons pour exemple la fabrication du sucre indigène: la dessiccation des betteraves, la formation, la concentration et la clarification du sirop, la cristallisation du sucre sont des opérations que l'on doit rapporter à la chimie et à la physique. Mais la disposition du moteur et des organes destinés à transmettre les forces nécessaires à la mise en œuvre des actions chimiques, font partie de la science des machines. Il y a bien peu d'industries importantes qui n'offrent ainsi une alliance de procédés entièrement différens de nature, mais concourant tous à un but unique. La meilleure manière de donner idée de ce que ces procédés présentent de plus général, consistera donc à citer des exemples choisis parmi ceux que l'industrie manufacturière met tous les jours sous nos yeux.

a.) *Des différentes sources de force.* — La force musculaire de l'homme et des animaux a dans sa nature quelque chose de mystérieux, et dépend essentiellement de la force vitale elle-même. On a trouvé par expérience que la manière la plus avantageuse d'utiliser la force musculaire de l'homme consiste à le faire agir par son poids, sans qu'il ait d'autre effort à exercer qu'à s'élever lui-même à une certaine hauteur. Ainsi lorsqu'un manœuvre a des fardeaux à transporter au sommet d'un édifice, il doit d'abord y monter lui-même à l'aide d'un escalier ou d'une échelle; puis il agira successivement par l'intermédiaire d'une corde et d'une poulie, et par son propre poids, sur des portions équivalentes de la matière à élever. On a établi, d'après le même principe, des pompes à double effet, destinées à l'ascension de l'eau. Un pont mobile autour de son axe horizontal porte à ses extrémités la tige des pistons de deux corps de pompe; un homme marche sur le pont, alternativement en deux sens contraires, de manière à lui imprimer un mouvement oscillatoire qui détermine le jeu des pompes. La tendance évidente de la technologie est de substituer de plus en plus la force de la matière brute à celle des animaux, et de consacrer exclusivement le travail de l'homme aux pratiques qui exigent de l'attention, et qui peuvent varier d'un moment à l'autre.

Les agens naturels qui produisent de la force sans avoir besoin de préparation préliminaire, sont l'eau et le vent. Le courant de fluide imprime une certaine vitesse à une roue ou à des ailes fixées dans un arbre tournant, et le mouvement de rotation est transformé de toutes les manières possibles, conformément au genre de travail à effectuer. Des moulins à vent sont employés au desséchement des polders de la Hollande en faisant mouvoir des vis d'Archimède, qui épuisent et rejettent les eaux au-delà des digues. Dans le même pays, ils servent à la trituration des graines oléagineuses et à une foule d'autres opérations mécaniques. Quant aux chutes d'eau, il n'est pas de peuple civilisé qui ne les utilise pour les branches les plus variées d'industrie. On apprécie de plus en plus cette source intarissable de force que la nature seule se charge d'alimenter incessamment. Tantôt on a détourné des rivières de leur lit pour procurer leur force motrice à des localités importantes qui en étaient dépourvues. C'est ainsi qu'à Greenock, par la dérivation des eaux du Shaw, on a obtenu une force d'environ *dix-sept cents chevaux* capable par conséquent de mettre en mouvement *trente-trois usines* pourvues chacune d'une force hydraulique de cinquante chevaux. M. Robert Thom, l'auteur du projet, pensait que la force totale pourrait être portée à cinq mille chevaux! Ailleurs, on a profité des masses d'eau considérables que les forages artésiens amènent du sein de la terre à la surface du sol, et qui sont dans certains cas comparables à de petites rivières.

Mais de toutes les sources de force employées aujourd'hui, la vapeur est sans contredit celle qui joue le rôle le plus important. Au nombre de ses avantages, il faut compter au premier rang celui de pouvoir être transportée partout où l'exigent les besoins de l'homme, fractionnée et concentrée, de manière à être employée dans les localités les plus éloignées, au milieu des circonstances les plus diverses. Au bord d'un puits de mine, elle sert, au moyen des appareils fixes les plus puissans, à épuiser des eaux qui noyeraient les galeries d'exploitation; elle se meut avec la locomotive par l'intermédiaire de laquelle elle remorque les wagons sur les chemins de fer, et avec le bateau à vapeur qui franchit en quelques jours l'Atlantique dans sa plus grande largeur; elle commence à s'introduire chez le simple artisan; le foyer destiné à la préparation des alimens et au chauffage de l'intérieur du logis, peut suffire, dans quelques cas, à la production de force exigée par une modeste industrie.

Quelle que soit l'origine de ces différentes sources de force, on y reconnait partout l'influence des transformations chimiques et physiques. L'alimentation et la nutrition chez les animaux, le mouvement continu des sources et des cours d'eau qui en dérivent, les alternatives des vents, la chaleur développée par la combustion, la vaporisation de l'eau, sont soumis à cette influence. Nous savons encore bien peu de chose sur les moyens que la nature emploie pour la réunion des élémens qui servent à une certaine production de force; nous savons seulement que les frottemens et l'inertie de la matière ne nous permettent d'utiliser qu'une assez faible partie de la force réellement disponible en dernier résultat. Les meilleures roues hydrauliques ne rendent guère que les deux tiers de la force motrice de la chute d'eau sous l'influence de laquelle elles tournent. Les foyers les mieux disposés ne communiquent aux chaudières des machines à vapeur que la moitié au plus de la quantité de chaleur développée par la combustion de la houille.

b.) *Des différentes manières d'employer la force.* — Dire que nulle machine ne peut augmenter la force qui y est appliquée, ni à plus forte raison en créer de nouvelles, c'est énoncer en d'autres termes l'axiome que nul effet ne peut être plus grand que sa cause. Lors donc que l'on établit des machines, on a pour but unique d'utiliser la plus grande partie de la force motrice, de la manière la plus profitable au genre d'effet que l'on se propose d'obtenir. Ce que l'on gagne en temps, pour la vitesse de certains points, est perdu en force aux mêmes points; mais en raison de la nature particulière de chaque espèce de procédé, il existe toujours une certaine vitesse à laquelle correspond le plus grand effet utile produit. Dans les roues hydrauliques à aubes, par exemple, le maximum a lieu lorsque l'on fait mouvoir la roue avec une vitesse qui est seulement la moitié de celle du courant; que l'on augmente ou que l'on diminue la vitesse de rotation de la roue, on diminuera toujours la force transmise à l'arbre qui la porte.

Il est souvent nécessaire d'accumuler de la force pour produire un effet déterminé. Pour exemples de ce genre, nous citerons la *sonnette*, la *poudre à canon* et le *volant*. La sonnette à battre les pieux est une machine à l'aide de laquelle on élève à une certaine hauteur un *mouton* pesant, qu'on laisse ensuite brusquement tomber sur la tête du pieu;

celui-ci s'enfonce graduellement sous les efforts du puissant marteau. Les effets de la poudre sont connus de tout le monde. Il résulte des dernières expériences faites à Metz par MM. Piobert et Arthur Morin, que l'on peut imprimer à un obus du calibre de 12, pesant 4 kilogrammes, avec un canon de place chargé de 6 kilogrammes, une vitesse de 745 mètres par seconde; cette vitesse est la plus grande que l'homme ait encore pu communiquer à un projectile. A l'aide de quelques kilogrammes de poudre, en quelques secondes, on sépare de la masse et on divise des blocs considérables de pierre et de minerais, qui n'auraient cédé à l'action du pic et du fleuret de mineur qu'au bout d'un long espace de temps. Le volant, considéré comme réservoir de force, est une roue dont la jante est très pesante, de sorte que la majeure partie de son poids se trouve à la circonférence. Lorsque l'on met en mouvement une machine munie d'un fort volant, il faut une application de force énergique et prolongée pour imprimer à cette roue un mouvement rapide; mais une fois cette vitesse obtenue, le volant renferme tout ce que l'on y a accumulé de force vive, et il peut servir à obtenir momentanément des effets que la machine ne saurait produire à aucune époque de sa marche, si elle était privée de volant. Dans quelques forges où la machine à vapeur est un peu trop faible pour le système de laminoirs qu'elle doit faire tourner, on la met en mouvement un peu avant que le fer qu'on travaille dans le four ne soit prêt à passer au laminoir, et on la laisse ainsi marcher jusqu'à ce que le volant ait acquis une vitesse considérable. Quand la masse de fer rouge passe dans la première cannelure du laminoir, la machine éprouve un temps d'arrêt très sensible; à chaque passage aux canelures suivantes, sa vitesse diminue jusqu'à ce que la barre de fer soit réduite à une dimension telle que le pouvoir ordinaire de la machine suffise pour achever son laminage.

Le volant joue encore un rôle important comme régulateur de mouvement. Lorsque, par une cause quelconque, l'action du moteur vient à se ralentir, le volant restitue à la machine une partie de la force qu'il a emmagasinée pour ainsi dire; c'est ce qui a lieu dans la plupart des machines à vapeur où l'on transforme le mouvement alternatif d'un piston, en un mouvement circulaire uniforme. Quelquefois, lorsqu'il s'agit uniquement de régulariser le mouvement, sans qu'il soit nécessaire d'économiser la force motrice, on emploie une autre espèce de volant composé d'ailes ou de palettes qui présentent de larges surfaces à l'action du milieu dans lequel elles sont plongées. C'est ainsi qu'est réglé l'intervalle des coups des horloges à sonnerie; intervalle qu'on modifie à volonté en donnant aux bras du petit volant une obliquité plus ou moins sensible relativement au plan dans lequel ils se meuvent. On emploie un régulateur de ce genre dans les lampes mues par un système d'horlogerie, dans les boîtes à musique et dans les jouets mécaniques des enfans.

Parmi les autres moyens de régulariser l'emploi de la force, on distingue le *modérateur à force centrifuge*, qui est adapté aujourd'hui aux machines à vapeur, aux roues hydrauliques et aux moulins à vent. Lorsque la vitesse de rotation de l'arbre principal de l'appareil devient trop forte ou trop faible, il en résulte dans le modérateur un mouvement qui est transmis par un mécanisme analogue à celui des fils des sonnettes, et qui ralentit ou accélère la quantité de force motrice absorbée dans un temps donné. Dans la machine à vapeur, on fait quelquefois communiquer avec le régulateur à force centrifuge, non seulement le robinet qui livre passage à la vapeur, mais encore les registres des cendriers et des cheminées, de manière à activer ou à modérer la combustion autour de la chaudière, suivant la vitesse du mouvement de la machine.

Il y a des opérations qui exigent une vitesse constante beaucoup plus considérable ou beaucoup plus faible que celle du moteur. Le rouet à filer, le dévidoir ordinaire et le cinglage du fer au marteau, donnent des exemples de la première transformation. On ne cherche en général à obtenir une diminution de vitesse que par la nécessité de vaincre de grandes résistances avec peu de force. Les moufles, la grue et les autres machines du même genre sont dans ce cas.

Une des applications les plus fréquentes et les plus utiles de la mécanique pratique, consiste dans l'art de prolonger la durée d'action d'une force que l'on a créée pendant un temps très court. L'effort presque insensible que nous faisons une demi-minute chaque jour pour remonter nos montres, produit, au moyen de quelques rouages, un effet réparti sur toute la durée de vingt-quatre heures. La plupart de nos pendules n'ont besoin d'être remontées que tous les quinze jours, et l'on construit à des prix très modérés des régulateurs qui conservent leur mouvement sans altération pendant une année entière. Le tourne-broche ordinaire est l'exemple le plus simple que l'on puisse citer en ce genre. On s'est servi avec avantage d'un appareil analogue au tourne-broche, et mû comme lui par un poids ou par un ressort, pour des expériences de physique, où il fallait soumettre un disque de métal à un mouvement de rotation continu. Les chimistes ont souvent aussi employé, pour tenir une dissolution en mouvement, un agitateur lié à un système de petites roues, et mis en action par la descente d'un gros poids.

c. *Exemples divers de la fécondité des procédés technologiques.* — Les ressources offertes par la technologie moderne sont aussi surprenantes par leur variété et par l'utilité de leurs applications que par la puissance de leurs effets. Faut-il produire une pression illimitée au moyen d'un appareil d'un petit volume et mis en mouvement par un seul homme ? La presse hydraulique inventée par notre Pascal et exécutée par l'Anglais Bramah, donnera une pression de 1500 atmosphères. Avec cette machine, on brise un cylindre creux de fer forgé de 8 centimètres d'épaisseur ; on réduit une botte de foin au volume du poing ; on liquéfie et on solidifie le gaz acide carbonique. S'agit-il, au contraire, d'exécuter certaines opérations délicates pour lesquelles la main de l'homme et les instrumens de précision seraient inhabiles ? on a recours à d'autres procédés. Souvent, par exemple, on doit *réduire en poudre* des substances solides, et séparer cette poudre en différens degrés de finesse. La *suspension* dans un fluide effectue la séparation beaucoup mieux que ne pourrait le faire le tamisage le plus soigneusement gradué. La substance broyée et réduite en poudre extrêmement fine, est agitée dans une certaine quantité d'eau que l'on soutire ensuite : les portions les plus grossières de la matière suspendue tombent les premières, et les plus fines restent le plus de temps à descendre au fond. En opérant ainsi, la poudre d'émeri même, substance d'une grande densité, se sépare dans les divers degrés de finesse qu'on peut désirer. Le feu employé avec art intervient directement, et non plus seulement comme agent moteur, dans la dernière façon à donner à quelques substances. C'est ainsi qu'en passant rapidement la mousseline sur un cylindre de fer tenu à la chaleur rouge on détruit les petits filamens parasites qui nuisent à l'apparence de l'étoffe, et qu'il serait tout-à-fait impossible de couper. Le corps du tissu reste trop peu de temps en contact avec le fer pour brûler. La destruction de ces filamens, encore plus nécessaire dans le tulle, s'effectue en le passant rapidement à travers un jet de gaz enflammé.

Nous ne pouvons pas entreprendre ici de donner même une simple esquisse des procédés de la technologie chimique et physique, dont la nature et les moyens sont variés à l'infini, et ne peuvent être formulés en quelques lois simples comme ceux de la mécanique appliquée. Nous ferons néanmoins observer qu'ils ne sont pas seulement utiles pour obtenir une foule de produits dont nous serions privés sans leur action, mais qu'ils servent encore à la fabrication plus prompte et surtout plus économique de la plupart des substances que l'on savait se procurer avant les découvertes de la chimie moderne. L'art du tanneur nous présente un exemple de ce genre. Le tannage consiste, comme on sait, à imprégner des peaux d'animaux d'un certain principe appelé tannin, qui doit se combiner entièrement avec leurs particules. Suivant la méthode ancienne, on déposait les peaux dans des fosses remplies d'une dissolution de tan ; elles y restaient de six à douze mois, souvent même jusqu'à dix-huit; et quelquefois, si le cuir était épais, l'opération durait deux ans, peut-être plus encore : ce long espace de temps était nécessaire pour que le tannin pénétrât entièrement dans l'intérieur du cuir. Le nouveau procédé consiste à placer les cuirs, avec une dissolution de tan, dans des vases fermés où l'on fait le vide. On chasse ainsi tout l'air qui peut être contenu dans les pores de la peau, et en réintroduisant ensuite l'air dans le vase, on ajoute la pression de l'atmosphère à l'énergie de l'action capillaire pour forcer le tannin à pénétrer dans l'intérieur. On augmente même la pression et faisant entrer dans le vase un excès de dissolution de tan au moyen d'une pompe foulante. De cette manière, la pression possible n'a plus d'autre limite que la résistance du vase, et les peaux les plus épaisses peuvent être tannées en six semaines ou deux mois au plus.

Le blanchiment des toiles en plein air exige un temps assez considérable, et quoique ce mode de procéder ne demande pas beaucoup de travail, sa longueur expose les toiles à des vols, à des dégâts, et faisait désirer un moyen d'abréger l'opération. C'est à Berthollet que l'on doit la découverte des principales propriétés du chlore et l'emploi de cette substance dans le blanchiment des toiles, des tissus végétaux et du papier.

La température même de l'atmosphère est utilisée, dans ses deux extrêmes, pour certains résultats économiques de la plus haute importance Dans les marais salants de l'ouest de la France, la chaleur du soleil est insuffisante pour évaporer l'eau de la dissolution saline, et le combustible est trop cher pour qu'on puisse l'employer avec avantage. On a donc imaginé d'élever l'eau par des pompes jusqu'à un réservoir d'où elle retombe à petits filets sur des amas de fagots. Elle se divise ainsi, et présente une grande surface à l'évaporation, en sorte que le liquide recueilli dans les vases placés sous les fagots est déjà plus riche en sel : on se débarrasse donc d'une bonne partie de l'eau inutile, et le reste est chassé par l'ébullition. Le succès de cette manière d'opérer dépend aussi bien du plus ou moins d'humidité répandue dans l'air que de la température ; car, au moment où l'eau tombe au travers des fagots, si l'air est saturé d'humidité, il n'absorbera aucune des particules de l'eau salée, et le travail exécuté pour élever cette eau à la pompe sera totalement perdu. Ainsi, pour déterminer le moment convenable de l'opération, il est important de connaître l'état de sécheresse de l'atmosphère, et un examen attentif de cet état, par le moyen d'un hygromètre, pourra économiser souvent quelques heures de travail mal employées. Dans les pays septentrionaux où l'humidité et la basse température qui règnent une partie de l'année, ne permettraient pas d'employer un procédé analogue, on arrive au même résultat par un moyen entièrement différent. La dissolution saline exposée, pendant les longues gelées d'hiver, à un froid intense, se recouvre d'une couche épaisse de glace. Or, c'est une propriété fondamentale de la cristallisation de purifier les substances qui y sont soumises. La glace ou l'eau cristallisée est donc très peu chargée de substances étrangères, et, au contraire, les *eaux mères* qui restent au fond du bassin sont très riches en sel, que l'évaporation, par la chaleur, fournit promptement.

Dans un des pays les plus chauds du monde, au Bengale, on parvient à se procurer de grandes quantités de glace sans faire agir aucun mélange réfrigérant, et par le simple effet du rayonnement nocturne. « Un terrain assez bien nivelé, d'environ quatre acres, dit M. Arago (*Annuaire des longitudes de* 1828), est divisé en carrés d'un mètre à un mètre et demi de côté, entourés d'un petit rebord de terre d'environ un décimètre de hauteur. Dans ces compartimens, couverts de paille ordinaire ou de cannes à sucre sèches, on place autant de terrines remplies d'eau qu'ils peuvent en contenir. Ces terrines ne sont pas vernies, mais on graisse leurs parois intérieures; elles ont beaucoup de largeur et peu de profondeur; la glace se forme à leur surface. » Une seule fabrique de ce genre occupe trois cents personnes.

§ 4. *Des applications de la technologie aux beaux-arts et aux sciences.*

A peine l'homme a-t-il pourvu aux premières nécessités de sa vie matérielle, qu'il étend ses idées au-delà de l'horizon borné que ses regards embrassent. Il s'efforce de sonder la profondeur du ciel, de mesurer l'étendue de la terre. La notion de l'infini lui apparaît, et il la retrouve dans tous ses désirs de connaître et de posséder. Il cherche à la percevoir d'une manière plus intime par les sens principaux qui le mettent en rapport avec le monde extérieur, et il tire de la matière inerte tous les instrumens propres à satisfaire les passions de la partie la plus noble de son être : il cultive les beaux-arts, les sciences et la poésie. Les monumens, les sculptures, les dessins, et les instrumens de musique que l'on trouve chez presque tous les peuples encore sauvages prouvent assez cette tendance naturelle à l'esprit humain. Une des fonctions les plus importantes de la technologie, consiste donc à fournir les voies et moyens d'exécution, nécessaires à la culture des beaux-arts et des sciences.

Au premier rang entre ces moyens il faut ranger les arts graphiques, qui, sans doute, ne sont pas nécessaires à l'existence d'un peuple, mais sans lesquels il ne peut conserver ni les traditions historiques, ni le dépôt des connaissances acquises. Parmi ceux que nous possédons, nous citerons l'écriture, la sténographie, l'art de calquer et de copier, l'imprimerie, la stéréotypie, la lithographie, la gravure. Viennent ensuite tous les arts où l'on a pour but d'imiter ou de copier exactement les formes extérieures, tels que la partie mécanique du dessin, de la peinture et de la sculpture, la plastique générale, etc., etc. Ce n'est pas ici le lieu d'examiner comment l'écriture (voy. ECRITURE), après bien des transformations successives, est devenue phonétique de figurative qu'elle était d'abord. Mais nous ne pouvons nous dispenser de signaler les différences essentielles des trois espèces d'écritures principales que nous employons, 1° pour les usages ordinaires, 2° pour la sténographie; 3° pour les signaux télégraphiques. L'écriture ordinaire est enseignée aujourd'hui, sous le nom de calligraphie, par des méthodes qui ont singulièrement contribué à propager ce talent utile. La sténographie est dans un état d'imperfection manifeste : l'emploi de procédés mécaniques paraît indispensable pour lui donner toute l'importance qu'elle mérite et pour généraliser ses applications. Les résultats surprenans que fournissent déjà les télégraphes ordinaires ne sont rien en comparaison de ceux que promet l'usage des télégraphes électriques. D'après les essais tentés avec ces derniers, la pensée pourrait se transmettre avec une vitesse indéfinie d'une extrémité à l'autre d'un simple fil de métal.

Les procédés d'imitation d'une forme donnée offrent plus d'intérêt et de variété peut-être que toutes les autres classes de procédés technologiques. Citons en quelques uns d'une application immédiate aux sciences et aux beaux-arts

L'art d'imprimer avec des formes creuses comprend la gravure en creux sur cuivre, la gravure sur acier, la gravure de la musique sur étain. Ces trois genres de gravures ont des effets limités d'une manière bien différente. En effet, l'étain est si tendre et se raie si facilement, que l'on ne peut en tirer qu'un petit nombre d'épreuves nettes. Une planche de cuivre ne fournirait pas plus de trois mille billets de banque, sans altération sensible; tandis que l'on cite l'exemple de deux billets de banque gravés sur acier qui furent soumis à l'examen d'un artiste distingué, sans que celui-ci pût décider avec certitude lequel des deux avait été tiré le premier; et cependant l'un de ces billets était une épreuve prise dans le premier mille; l'autre avait été fait après le tirage de quatre-vingt mille billets.

L'art d'imprimer avec des surfaces planes comprend la gravure sur bois, la gravure en relief sur cuivre, l'imprimerie en caractères mobiles, la stéréotypie, l'impression sur étoffes et sur porcelaine, la lithographie, les moyens de copier les lettres. Watt, ce mécanicien si célèbre dans l'histoire de la machine à vapeur, a inventé le premier une méthode prompte et économique pour prendre copie des lettres et des écritures dont les affaires et les relations commerciales exigent que l'on conserve des doubles. Mais il était obligé de mouiller l'original, et de transporter la copie sur un papier transparent, non collé, ne pouvant recevoir d'empreinte que d'un seul côté, et tellement mince que toute circulation lui était interdite. Aujourd'hui l'appareil *prompt-copiste*, imaginé par M. Lanet, et approuvé par l'Académie des sciences, reproduit, sans l'altérer, tout écrit fait à la main avec l'encre à copier; il permet l'usage du papier ordinaire tant pour l'original que pour la copie : on opère sans mouiller ni l'un ni l'autre, on obtient plusieurs épreuves d'un même écrit, et enfin on peut prendre ou transcrire les copies dans des cahiers ou dans des registres reliés.

Un procédé du même genre a fixé l'attention publique à la dernière exposition des produits de l'industrie. Les résultats de ce procédé sont de la plus haute importance, puisqu'il permettra de reproduire indéfiniment tous les ouvrages les plus rares, les manuscrits les plus précieux, sans faire subir aucune altération à l'original.

Le moulage en relief s'opère avec des métaux, avec du plâtre, avec du soufre, avec de la cire, avec des argiles et des pâtes de nature diverse (que l'on soumet parfois à la cuisson), avec du verre, avec du bois, avec de la corne, avec de l'écaille. La percussion ou une forte pression sont employées pour faire prendre l'empreinte du moule aux substances qui ne sont pas à l'état de fusion parfaite, ou dont la consistance est trop forte. On est parvenu, à l'aide d'un procédé très ingénieux, à représenter, en bronze, de simples feuilles d'arbre et les détails les plus minutieux de l'extérieur des végétaux et d'autres petits corps organisés. Ce procédé consiste à carboniser d'abord et à brûler ensuite dans son moule, au moyen d'un fort courant d'air, le corps qui a servi à le former. Le moule reste en creux, portant l'empreinte la plus fidèle de l'original : et lorsqu'il est encore à très peu près à la chaleur rouge, on y verse le métal en fusion, dont le poids chasse par les trous pratiqués d'avance le peu d'air qui pourrait encore rester à cette haute température.

L'art de copier en modifiant les dimensions, est un des plus remarquables de la série dont nous esquissons les principaux traits. Le pantographe, si connu des personnes qui s'occupent de géométrie pratique, remplit ce but pour un dessin donné. Le tour à figures, le tour à copier les coins des monnaies, la machine à copier des bustes, transforment un relief en un autre relief plus grand ou plus petit, mais semblable.

La machine perspective de Wren, dont le diagraphe de M. Gavard offre une imitation perfectionnée, la chambre claire, la chambre noire, servent à transporter sur un dessin les contours apparens d'un relief. Les procédés purement mécaniques employés pour la gravure des médailles et des demi-bosses, donnent aujourd'hui de très beaux résultats dans le *Trésor de numismatique et de glyptique*. Mais l'admirable invention de M. Daguerre, au moyen de laquelle la lumière réfléchie par les corps agit seule sur la plaque préparée pour recevoir les images, laisse très loin derrière elle, pour le mérite et pour l'importance, toutes celles que nous venons d'indiquer. C'est encore dans notre pays qu'on a imaginé un procédé du plus grand intérêt par ses résultats, pour tirer des épreuves de toutes dimensions d'une même planche de cuivre. Il y a quelques années, on expédia en Angleterre quelques échantillons de ce genre obtenus par un horloger de Paris, M. Gonord, qui gardait le secret de sa méthode. Les échelles de dimensions des gravures d'un même dessin variaient dans le rapport de un à trois; et néanmoins il était impossible aux artistes les plus distingués de découvrir dans l'une des gravures aucun trait qui n'existât dans les autres.

La technologie rend à la musique des services non moins signalés qu'aux autres beaux-arts, puisque c'est à elle que l'on doit les instrumens sans lesquels les plus belles conceptions musicales n'auraient jamais été exécutées. On doit avouer, cependant, que la technologie, sous ce rapport, laisse encore beaucoup à désirer, et qu'elle n'est à la hauteur ni de l'art, ni des idées nouvelles. Pour faire jouir un petit nombre de personnes des merveilleuses compositions des grands maîtres, on est contraint de concentrer dans un espace resserré une grande variété d'instrumens différens, dont chacun occupe un artiste à lui seul. La foule est exclue de ces réunions, où les auditeurs ne sont pas beaucoup plus nombreux que les exécutans. L'époque n'est pas éloignée, sans doute, où les ressources de la mécanique et de l'acoustique appliquées seront mises à profit, pour faire participer un peuple entier aux jouissances de la musique. C'est à la technologie, guidée par la philosophie et par la science, à préparer un nouveau *Colossée*, où des milliers de spectateurs verront se dérouler devant eux les merveilles de l'art.

La technologie fournit à la plupart des sciences des instrumens d'observation sans lesquels on peut dire que celles-ci n'existeraient pas. Où en serait l'astronomie, par exemple, si elle s'était bornée à la contemplation vague des phénomènes célestes? N'est-ce pas à l'invention des lunettes qu'est due la découverte des phases de Vénus, et par suite l'une des premières preuves positives qui aient été données à l'appui du système de Copernic? L'admirable précision des observations modernes n'est-elle pas une conséquence de la perfection des appareils exécutés par les Reichenbach, les Fortin, les Gambey, les Cauchoix? Les instrumens à réflexion ne sont-ils pas de la plus haute importance pour la navigation théorique et pratique? Sans le cercle répétiteur de Borda, aurait-on pu mesurer les dimensions du globe terrestre avec cette exactitude qui surpasse toute prévision? En un mot, nous ne concevons pas plus que nous puissions nous passer de la technologie, même sous le point de vue scientifique, que nous ne concevrions l'âme sans le corps. Tant il est vrai que l'on retrouve à chaque instant, et sous toutes les formes possibles, cette merveilleuse alliance de la théorie et de la pratique, de la conception et de l'exécution, de l'esprit et de la matière!

Une des applications les plus remarquables que l'on ait jamais faites de la technologie aux sciences spéculatives, consiste dans l'emploi de procédés purement mécaniques pour effectuer des calculs qui semblent exiger l'action de l'intelligence. La première application de ce genre est due au génie de Pascal. Chargé d'aider son père dans la confection de comptes aussi longs que fastidieux, il imagina cette fameuse machine arithmétique qui fut le type de toutes celles que l'on proposa dans le dix-huitième siècle. Malgré l'importance que des hommes de la portée de Pascal, de Leibnitz, de Lambert avaient attachée à des machines de ce genre, elles étaient complétement oubliées, lorsqu'un savant Anglais, M. Babbage, est parvenu à en construire une nouvelle, à l'aide de laquelle on peut calculer exactement des séries très compliquées. Mais, malgré tout le mérite de l'invention de M. Babbage, on ne doit pas espérer que les *machines numériques*, qui donnent les résultats exacts des opérations, puissent jamais se répandre beaucoup: la difficulté et la cherté de leur construction s'y opposeront toujours. Les *appareils graphiques*, au contraire, à l'aide desquels on obtient une approximation suffisante pour la pratique, et dont quelques uns peuvent être livrés à très bas prix, sont destinés à devenir populaires. En Angleterre, les ouvriers, les fabricans, les ingénieurs sont presque tous munis de l'ingénieuse *règle logarithmique* de Gunther. L'usage de cette règle commence à se répandre en France. On a aussi proposé des arithmographes circulaires; et nous pouvons penser que, d'après des perfectionnemens récemment apportés à leur dispositif et à leur construction, ces instrumens sont de nature à se propager et à remplacer avantageusement la règle à calcul. Les machines graphiques les plus parfaites sont munies d'un cône qui joue le rôle d'un rouage en une section déterminée de sa surface; de sorte que l'on peut varier les mouvemens d'une manière continue entre certaines limites. La première idée du cône est due à M. Coriolis, qui l'a appliquée en 1829 à la construction d'un dynanomètre. Quelque temps après, MM. Oppikofer et Ernst ont fondé, sur l'emploi du cône, l'ingénieux planimètre au moyen duquel on obtient l'aire d'une surface plane quelconque, en promenant à la fois un index et une règle sur tous les points de son contour. Enfin, à l'aide de quelques modifications nouvelles, on est parvenu à faire du planimètre un instrument universel, propre aux calculs les plus compliqués.

On doit rapporter aux machines à calculer les *compteurs*, instrumens destinés à enregistrer une suite de répétitions d'une même action, et à éviter ainsi à l'esprit une des opérations les plus fatigantes qu'on puisse lui imposer. C'est avec un compteur (*odomètre*) que Fernel a déterminé le nombre de tours d'une roue de voiture de Paris à Amiens, et qu'il en a conclu, par un singulier hasard, un résultat d'une exactitude surprenante, pour la longueur d'un degré du méridien terrestre. Les montres et les horloges sont des compteurs qui servent à mesurer le temps par le nombre des oscillations isochrones d'un balancier. L'horlogerie exacte dont l'importance est si grande pour la navigation, pour l'astronomie et pour les autres sciences d'observation, est parvenue à un degré remarquable de perfection dans quelques uns de ses produits. Il lui reste à trouver des procédés tels que, dans tous les cas, on soit assuré d'obtenir des résultats identiques avec les mêmes instrumens confectionnés de la même manière; et c'est à quoi elle n'a pas su parvenir jusqu'à présent. L'usage des compteurs tend à se répandre de plus en plus dans les sciences et dans leurs applications. On en a proposé pour déterminer les variations de hauteur du baromètre et du thermomètre, d'intensité et de direction du vent, la quantité de pluie tombée dans un laps de temps déterminé. M. Arthur Morin en a employé de fort ingénieux pour déterminer toutes les lois du frottement des corps et du tirage des voitures. D'après une idée due à M. Poncelet, il en a construit d'autres qui peuvent être adaptés au moteur d'une usine quelconque, et qui donnent la valeur de la force fournie par ce moteur en un ou plusieurs jours.

§ 5. *Des applications des sciences à la technologie.*

La technologie serait ingrate si elle méconnaissait les services que les sciences lui ont rendus, et qu'elles sont encore appelées à lui rendre tous les jours. Nous ne voulons pas aborder ici l'épineuse question de la prééminence entre la théorie et la pratique ; cette question sera le sujet de controverses qui dureront probablement autant que le monde lui-même. Mais tous les bons esprits s'accordent aujourd'hui à reconnaître que les spéculations les plus abstraites ont eu ou peuvent avoir des applications utiles. Quand Platon et les géomètres de son école étudiaient les propriétés des courbes que l'on obtient en coupant un cône par un plan, on ne prévoyait guère que deux mille ans après, Kepler découvrirait l'identité de l'ellipse, l'une de ces courbes, avec les orbites décrites par les planètes autour du soleil ; ni que Newton démontrerait, comme conséquence de la loi de l'attraction universelle, la possibilité et jusqu'à un certain point la probabilité de l'existence d'un grand nombre de comètes, décrivant dans l'espace des courbes semblables aux deux autres sections coniques, la parabole et l'hyperbole, et donnerait les preuves les plus certaines de la liaison entre l'expression de cette loi, et les mouvemens géométriques des astres. Or, la théorie de Newton, en permettant de soumettre au calcul, long-temps avant l'époque où ils doivent se produire, les phénomènes astronomiques les plus compliqués, a fourni à la navigation et à la géographie les moyens d'observation les plus sûrs et les plus exacts. Il n'y a donc pas de marin cherchant à déterminer sa route sur l'Océan, pas de négociant faisant le commerce d'outre-mer, pas de consommateur des produits exotiques, qui ne profite pour quelque part des travaux de ces trois grands hommes, Platon, Kepler, Newton ! Quelle admirable solidarité entre tous les âges et tous les membres du genre humain ! L'histoire de la science fournirait un grand nombre d'exemples analogues. Citons-en quelques uns.

« Le quartz hyalin ou cristal de roche, dit M. Alexandre Brongniart, dans son excellente *Introduction à la Minéralogie*, est un des corps transparens à double réfraction dont Rochon et quelques physiciens ont fait le plus heureux emploi dans les lunettes marines et dans les lunettes astronomiques, pour déterminer, au moyen de cette propriété, par un calcul très simple, et quelquefois même par la seule observation, si un corps qui se meut dans la direction du rayon visuel s'éloigne ou s'approche de l'observateur. Lorsqu'on a découvert dans le quartz la propriété de la double réfraction, on ne présumait pas que cette propriété, qui n'était alors que curieuse, serait un jour susceptible d'une application de l'importance de celle que nous venons d'indiquer; qu'elle pourrait servir, par exemple, à faire connaître sur-le-champ, et par un artifice très simple, si un vaisseau qui en poursuit un autre gagne ou perd de vitesse sur celui qu'il chasse, et qu'elle serait ainsi dans le cas d'avoir une influence considérable sur les plus grands intérêts de la société. »

Depuis l'invention des lunettes astronomiques par Galilée, on n'avait jamais pensé à remédier aux franges irisées dont les images se trouvaient entourées, dans les meilleurs instrumens, lorsqu'en 1747, Euler, réfléchissant à la structure de l'œil, eut l'heureuse idée de faire disparaître ces couleurs étrangères, de rendre les lunettes achromatiques. Ses recherches le conduisirent à des constructions d'objectifs formés de verre et d'eau qui devaient résoudre le problème. Mais, ses calculs étant fondés sur une hypothèse contraire à celle que Newton avait établie dans son Optique sur la loi de dispersion de la lumière, il s'éleva à ce sujet une polémique assez vive entre Euler et Dollond, célèbre opticien anglais. Celui-ci resta long-temps persuadé, sur l'autorité de Newton, de l'inutilité des recherches pour la construction des lunettes achromatiques. Mais enfin, vaincu par les raisonnemens d'Euler et de Klingenstierna, professeur de l'Université d'Upsal, il fit l'expérience directe, et reconnut que Newton s'était trompé. Tournant alors toutes ses recherches vers la réalisation de l'idée primitive d'Euler,

Dollond eut la gloire de faire connaître le premier un objectif achromatique, composé de flint-glass et de crown-glass, verres de densités et de pouvoirs réfringens différens.

La propriété que possède l'ambre jaune d'attirer à distance les corps légers, lorsqu'on vient de le frotter, avait excité l'étonnement des plus anciens philosophes de la Grèce ; et cependant, depuis Thalès jusqu'au milieu du siècle dernier, dans un intervalle de plus de deux mille ans, on n'avait jamais pensé à appliquer cette propriété, ni même à en développer les conséquences. Qui donc aurait pu prévoir que cette vertu attractive, si insignifiante en apparence, si bornée dans ses résultats, si long-temps inutile, serait le germe de l'admirable science de l'électricité? Que, par une suite de déductions logiques, on arriverait, dans l'espace de moins de deux siècles, à en conclure des procédés certains pour se garantir de la foudre? Qu'on y rattacherait une multitude de phénomènes variés, et le principe de la pile voltaïque, « qui est, quant à la singularité des effets, dit M. Arago, le plus merveilleux instrument que les hommes aient jamais inventé, sans en excepter le télescope et la machine à vapeur. » Et voilà qu'aujourd'hui l'autorité imposante du savant que nous venons de citer rend très probables les succès que l'on obtiendrait en se servant d'aérostats captifs, munis de pointes métalliques, et fixés au sol par une corde conductrice, pour préserver des contrées entières du fléau de la grêle. Qui ne s'étonnerait des prodigieuses conséquences tirées de la vertu attractive de l'ambre jaune, en voyant qu'elles étendent l'empire de l'homme jusque sur les élémens, qu'elles lui permettent de composer et de décomposer les corps, d'anéantir la foudre et de dissiper les orages!

De toutes les théories scientifiques, celles de la chimie moderne ont eu assurément le plus d'influence sur les procédés des arts. Il y a peu de découvertes nouvelles, produites par des expériences de laboratoire, qui n'aient été suivies de quelque heureuse application technologique. La connaissance exacte de la nature des réactions entre différentes substances, et des proportions les plus convenables pour assurer ces réactions, a donné naissance à une multitude de procédés complétement inconnus avant la fin du siècle dernier. Le blanchiment des toiles par le chlore, la fabrication de la soude artificielle par le procédé de Leblanc, celle du sucre de betteraves, la composition assurée d'excellens mortiers hydrauliques d'après les principes de M. Vicat, l'extraction de la gélatine des os, la distillation du vinaigre de bois, la formation du gaz de l'éclairage, l'invention des allumettes faciles à s'enflammer, de la lampe de Davy et d'une multitude d'autres procédés, sont dus uniquement aux progrès de la chimie.

Quant à l'influence des autres sciences, il faut ajouter aux exemples cités plus haut : l'application des pendules aux horloges, par Huygens; l'établissement, par Fresnel, de lentilles à échelons dans les phares employés à l'éclairage des côtes; la construction de la roue à aubes courbes, par M. Poncelet, etc.

En un mot, la technologie est liée intimement par ses progrès à ceux des connaissances purement théoriques, et sa tendance manifeste est de n'employer que des procédés qui soient des applications directes et raisonnées de faits scientifiques. Les avantages qui résultent de cette tendance ne tiennent pas seulement à ce que le domaine de nos connaissances s'agrandit sous l'influence de la science, mais encore à ce que la théorie peut seule guider la pratique d'une manière sûre, et lui éviter tous les tâtonnemens et les essais infructueux auxquels celle-ci est forcée de se livrer lorsqu'elle est abandonnée à elle-même. Nos idées doivent donc se diriger vers les recherches scientifiques aussi bien que vers l'étude des résultats donnés par l'expérience; et chaque progrès de la science pure renfermera très probablement en lui le germe de quelque application utile.

Quant aux reproches que les détracteurs de la théorie pure ne manquent jamais de lui adresser, lorsqu'elle vient à errer dans les essais qu'elle tente pour agrandir le domaine de la pensée, nous ne pouvons mieux faire que de leur citer les paroles prononcées par un académicien célèbre pour la précision de ses expériences : « On ne ferait presque » jamais de nouveaux pas dans les sciences physiques, dit » M. Biot, on n'oserait jamais y pressentir de lointains rap- » ports, s'il fallait n'essayer de rapprocher les faits que lors- » que le calcul peut s'y appliquer rigoureusement. »

§ 6. *Importance et effets de la technologie pour l'individu et pour la société.*

Les avantages des procédés technologiques pour l'homme-individu paraissent dériver de quatre causes principales qui sont : 1° les forces qu'il ajoute à la sienne ; 2° l'économie de temps ; 3° la transformation de matières communes, en produits qui ont de la valeur ; 4° l'économie dans l'emploi des matières premières.

1° Nous avons déjà donné ailleurs l'indication des principales sources auxquelles l'homme peut emprunter des forces ; nous voulons seulement montrer ici que, par un choix convenable dans l'emploi des moyens, l'homme peut tirer de sa force un parti bien plus considérable que s'il eût agi sans leur secours. Il existe à ce sujet une expérience classique, rapportée par Rondelet dans son *Art de bâtir*, et dont voici le résultat. Pour traîner une pierre sur un sol de niveau, ferme et uni, il faut employer en force un peu plus des deux tiers du poids de la pierre ; les trois cinquièmes si on la traîne sur des pièces de bois, les cinq neuvièmes si on la tire après l'avoir placée sur forme de bois, posant elle-même sur les pièces de bois ; et si l'on savonne les deux surfaces de bois, il ne faut plus qu'un sixième. En faisant usage de rouleaux de huit centimètres de diamètre, placés comme intermédiaires entre la pierre et le sol, le tirage devient la trente-deuxième partie du poids, et la quarantième partie s'ils roulent sur plateforme en bois. Enfin, s'ils roulent entre deux surfaces unies, telles que du bois, il ne faudra que la cinquantième partie du poids de la pierre pour opérer le mouvement. Ainsi, à chaque invention nouvelle indiquée par la théorie ou par la pratique, le travail de l'homme éprouve une diminution sensible. On produit plus d'effet avec la même force, et il faut moins de force pour un effet déterminé.

2° L'économie du temps de l'homme a des effets si importans et si étendus, que l'on pourrait rattacher à ce titre la plupart des avantages des machines. Un des exemples les plus frappans que l'on puisse en citer, c'est l'emploi de la poudre pour faire sauter les rochers. Il résulte d'une expérience faite dans les carrières de pierre calcaire, exploitées pour la construction du brise-lame de Plymouth, qu'avec 150 fr. de poudre et 11 fr. de main-d'œuvre on peut obtenir pour 1 150 fr. de matière. Une autre invention bien simple, et encore trop peu connue, est destinée à produire une économie de temps considérable dans l'intérieur des maisons particulières comme dans les établissemens industriels ; elle consiste à transmettre la voix d'un appartement à un autre au moyen de tuyaux d'étain ; on a même construit des tubes flexibles offrant l'apparence de cordons de sonnettes, et pouvant établir communication entre l'intérieur d'une voiture et le cocher placé sur son siége, entre un salon et les parties les plus reculées d'une maison. Un métier bien ancien, celui du vitrier, a reçu de nos jours un perfectionnement de la plus grande importance pour l'opération de la coupe du verre avec le diamant. Dans la méthode que l'on suivait, il y a moins de trente ans, le diamant se plaçait dans un petit cercle conique en fer ; avec cette disposition, l'apprenti vitrier trouvait beaucoup de difficulté à se servir de son instrument d'une manière sûre, et ce n'était qu'au bout de *sept ans* d'apprentissage que les ouvriers étaient censés assez adroits pour être employés tous indifféremment à ce travail. Ceci tenait à la difficulté de trouver l'angle précis sous lequel le diamant coupe, et de le guider sur le verre suivant l'inclinaison convenable, une fois cet angle trouvé. Un nouvel outil a permis d'économiser presque toute cette perte de temps et de verre détruit pour apprendre l'art de couper le verre. Le diamant est fixé dans une petite pièce carrée de cuivre, une de ses arêtes étant à peu près parallèle à un des côtés du carré. Un ouvrier exercé tient cette arête du diamant serrée contre une règle, et essaie ainsi, en usant chaque fois à la lime le côté de la monture en cuivre, jusqu'à ce qu'il ait trouvé que le diamant forme un trait net sur le verre ; alors le diamant et la monture sont fixés sur une petite tige semblable à un porte-crayon, au moyen d'un anneau qui permet un petit mouvement angulaire. De cette manière, le premier venu peut appliquer de suite l'arête taillante à son angle convenable, pourvu qu'il tienne le côté de la monture en cuivre pressé contre la règle ; quand même la tige qu'il tient dans sa main dévierait un peu de l'angle voulu, il n'en résulte pas d'irrégularité sensible dans la position du diamant, et le trait est manqué très rarement.

3° La chimie préside presque constamment à toutes les transformations qui ont pour but d'utiliser des matières de peu de valeur; elle ne laisse perdre aucun des résidus les plus vils que l'homme rejette loin de lui dans le cours de la vie ordinaire. L'exploitation de la *poudrette* des environs de Paris a été une cause de prospérité pour l'agriculture. *L'équarrissage* des chevaux donne lieu à une multitude de produits différens dont aucun n'est complétement perdu. Les matières animales, dont la décomposition spontanée est une cause certaine de miasmes pestilentiels, traitées par des procédés chimiques, servent à produire la plupart des produits azotés, tels que le prussiate de potasse et le bleu de Prusse, le charbon animal un des engrais les plus généreux que l'on connaisse, et le noir d'ivoire, employé en peinture. Les poêles et les autres vases de tôle, usés au point de ne plus pouvoir être raccommodés, sont découpés en petites bandes percées de petits trous et grossièrement enduites d'une couleur noire, pour l'usage de l'emballeur qui en garnit les bords et les angles de ses caisses. Les rognures et les plus mauvais morceaux soumis à l'action de l'acide pyroligneux servent à préparer une teinture noire à l'usage des imprimeurs sur calicot.

La mécanique donne aux matières premières des augmentations de valeurs bien plus considérables encore que la chimie, et non moins surprenantes, quoiqu'elle use de procédés plus longs et plus compliqués, en général. Nous empruntons aux recherches de M. Héron de Villefosse les nombres consignés dans le petit tableau suivant, qui pourront donner une idée du prix que la main-d'œuvre ajoute aux matières premières.

NATURE de la MATIÈRE PREMIÈRE.	NATURE DE LA MATIÈRE OUVRÉE.	PRIX de la matière ouvrée, la valeur première étant représentée par 1.
Plomb. . . .	Feuilles, tuyaux de dimensions moyennes.	1, 25
	Petits caractères d'imprimerie . . .	28, 30
Cuivre	Feuilles.	1, 26
	Toiles métalliques de 90 000 mailles au mètre carré.	58, 23
Fonte de fer. .	Ustensiles de ménage.	2, 00
	Bracelets, figures, boutons.	147, 00
Fer en barres.	Fers de fonderie pour clous.	1, 10
	Canons de fusils de munition. . . .	9, 10
	Outils aratoires	31, 20
	Lames de canifs de bureau.	657, 14
	Poignées d'épée en acier poli. . . .	972, 82

Mais on connaît des résultats encore plus surprenans et qui ne sont pas consignés dans ce tableau. La dentelle acquiert une valeur 10 000 à 100 000 fois plus considérable que le lin qui a servi à la façonner. Un kilogramme de fer brut coûte environ 0 f. 50 pris sur place. Si l'on transforme ce fer en acier, et que l'on emploie l'acier à la fabrication des petits ressorts en spirale qui sont adaptés aux balanciers des montres, on en pourra faire 180 000 au kilogramme, le poids de chacun d'eux n'excédant guère un demi-centigramme. Or, lorsqu'un de ces ressorts est parfait, il vaut jusqu'à 6 fr. : on en pourra donc faire pour plus d'un million de francs dans un kilogramme de fer, et donner ainsi à la matière travaillée deux millions de fois plus de valeur qu'à la matière brute.

4° La précision des machines dans l'exécution, l'exacte similitude de leurs produits, la connaissance approfondie des proportions nécessaires aux manipulations chimiques opérées en grand, sont autant de causes d'économie dans l'emploi des matières premières. Le débitage des bois en planches, qui a dû être fait primitivement à l'aide de grossiers instrumens tranchans, tels que le coin et la hache, a reçu un grand perfectionnement par l'invention de la scie. La quantité de bois perdue, au lieu d'être égale à celle des planches façonnées, devient au plus le huitième de la masse du bois brut lorsqu'elles ont deux à trois centimètres d'épaisseur. Mais s'il s'agit d'obtenir du bois moins épais, pour le placage, par exemple, on emploie des scies de forme circulaire à lames très minces, pour que le rapport de la quantité détruite à la quantité employée ne devienne pas plus considérable; et même, pour le travail du bois précieux, notre célèbre compatriote, M. Brunel, a inventé une machine qui débite les plaques par la rotation continue d'un système de scies, et qui réduit le déchet au minimum. Les progrès de l'imprimerie, depuis une trentaine d'années, fournissent un autre exemple de l'économie des matériaux employés. Autrefois, pour mettre l'encre sur les formes, on se servait de gros tampons de cuir à demi sphériques et remplis d'étoupes. Quelque adroit que pût être l'ouvrier, il ne pouvait empêcher qu'une portion de l'encre ne restât sur le côté des balles, et cette portion n'étant pas transmise aux caractères s'épaississait, se durcissait, et finissait par devenir une croûte noire qu'on était obligé d'enlever. De plus, on n'avait aucun moyen de régulariser la quantité d'encre versée sur l'encrier d'imprimerie, ni la quantité prise par le tampon, ni enfin la quantité laissée par celui-ci sur la forme. L'invention des rouleaux cylindriques formés d'une substance élastique, qui est ordinairement un mélange de colle-forte et de mélasse, a remplacé ce mode vicieux, en apportant une économie considérable dans la consommation de l'encre. Mais l'économie la plus grande est résultée de l'application de la vapeur au mouvement de ces cylindres. On dispose un réservoir d'encre où un rouleau va prendre un peu d'encre régulièrement à chaque tirage; trois autres rouleaux (quelquefois même cinq) étendent cette encre par des moyens ingénieux et variés suivant chaque espèce de presse; enfin, un dernier rouleau, venant s'imprégner sur cette table, passe et repasse sur la forme avant le tirage de chaque feuille. Par cette nouvelle méthode, on place évidemment une quantité d'encre suffisante, sans quoi l'on aurait été bientôt averti par les plaintes du public et des libraires ; et une expérience faite en Angleterre, sur deux tirages successifs, chacun de deux cents rames de papier, suivant l'ancienne et la nouvelle méthode, a prouvé que cette dernière procure une économie de plus de moitié dans la quantité d'encre employée.

La technologie n'agit pas seulement pour satisfaire aux besoins immédiats et aux jouissances de l'individu ; elle acquiert un plus haut degré d'importance lorsqu'elle doit exercer une influence, insensible à la vérité pour la plupart des citoyens d'une nation, à un instant déterminé, mais immense pour la nation entière. Envisagée sous ce point de vue, elle comprend les voies de communications (routes, lignes navigables, chemins de fer), le desséchement des marais, l'éclairage des côtes, et généralement tout ce qui est relatif aux travaux entrepris dans un but d'utilité générale. Notre siècle a produit dans ce genre des ouvrages prodigieux, et tout fait présumer que le progrès ne doit pas se ralentir de long-temps. L'influence de la science technologique ne se fait pas moins sentir lorsqu'il s'agit pour un peuple de défendre son existence politique menacée par l'étranger. C'est elle qui se charge du soin d'élever nos remparts, de construire nos vaisseaux, de les garnir d'une formidable artillerie, de pourvoir nos défenseurs d'armes et de munitions. Les connaissances acquises dans la pratique des arts servirent merveilleusement l'élan patriotique de notre première révolution ; il n'y avait que des hommes familiarisés avec les applications des sciences qui pussent parvenir à transformer presque instantanément en bouches à feu les cloches des églises, en poudre de guerre le sol des caves.

§ 7. *De la cerdoristique et de l'économie industrielle.*

M. Ampère a désigné sous le nom de *cerdoristique industrielle*, de κέρδος, *gain*, *profit*, ὁρίζω, *je détermine*, l'ensemble des principes et des procédés au moyen desquels on peut se rendre compte des profits et des pertes d'une entreprise en activité, et prévoir ce qu'on doit attendre d'une entreprise à tenter. Il y a là toute une science nouvelle, que l'on doit regarder plutôt comme à créer que comme s'appuyant déjà sur des bases solides. Nous pourrons néanmoins emprunter quelques préceptes généraux à l'excellent *Traité sur l'économie des machines et des manufactures*, par M. Babbage, auquel nous devons un assez grand nombre de faits cités dans le cours de notre travail.

Les calculs de la cerdoristique dépendent évidemment en première ligne des principes qui président à la constitution sociale. Ils sont donc soumis, suivant les époques et les pays, à de grandes variations. La détermination des lois d'après lesquelles leurs résultats varient en même temps que l'état de la constitution, conduirait évidemment à la solution des problèmes les plus ardus de l'économie politique. Pour ne pas empiéter ici sur le domaine de cette dernière science, nous devons seulement considérer les calculs de la cerdoristique sous le régime de l'organisation actuelle de la société. Il est facile de reconnaître qu'ils portent sur une multitude de points, dont les principaux, lorsqu'il s'agit d'entreprendre la fabrication d'un objet commercial quelconque, sont : la dépense d'achat des outils, des machines, des matières premières, et de tout l'agencement nécessaire pour produire ; l'étendue des demandes dont on peut être assuré ; le temps nécessaire pour recouvrer le capital engagé ; enfin le temps plus ou moins long après lequel l'article nouveau détruira l'usage des articles analogues actuellement employés. Si les nouvelles machines et les nouveaux outils sont entièrement différens de ceux que l'on avait déjà, il sera difficile de déterminer leur dépense. Cependant telle est la variété des organes mécaniques employés dans les divers ateliers d'un pays industrieux, qu'il doit se rencontrer peu d'inventions nouvelles dont l'exécution ne présente, dans ses détails, beaucoup d'analogie avec une machine déjà établie. On connaît ordinairement, sans peine, le taux auquel sont cotées les matières premières ; mais dans le cas où la consommation en est assez restreinte, on prévoit que les demandes d'une nouvelle fabrique peuvent en faire hausser momentanément le prix, quoiqu'en définitive l'accroissement des demandes doive réduire au même prix, si rien ne limite nécessairement la quantité de la matière première. Quant à l'étendue des demandes, et au temps nécessaire pour que le nouveau produit remplace les anciens du même genre, ce sont des questions pour la solution desquelles il n'est pas possible de donner de règle précise. L'analogie avec ce qui s'est passé dans des circonstances comparables sera, le plus souvent, le seul guide que l'on puisse consulter.

Toute personne qui tente de livrer un article quelconque à la consommation, a, ou doit avoir, pour but principal, de produire cet article sous une forme parfaite; mais en même temps, pour s'assurer le bénéfice le plus considérable et le plus constant, elle doit faire des efforts énergiques pour livrer à bas prix aux consommateurs le nouvel objet d'utilité ou de luxe qu'elle a créé. Les résultats les mieux constatés de la statistique prouvent que toute baisse volontaire dans le prix de vente d'une marchandise est suivie d'une plus grande activité dans la demande. Or, un plus grand nombre d'acheteurs produit un avantage bien important pour l'industriel; il lui permet de *fabriquer*, et non plus seulement de *faire*. La différence entre ces deux termes est sensible : le premier indique une production établie sur une grande échelle et bien organisée; le second se rapporte à une production faible, et à laquelle on ne consacre que des moyens imparfaits d'exécution. Un seul exemple suffira pour montrer tout l'avantage de la fabrication en grand. Lorsque M. Maudslay, un des riches industriels de l'Angleterre, reçut du bureau de l'amirauté la proposition de faire les caisses en fer destinées à la provision d'eau des navires, il entreprit une de ces caisses pour essai. Les trous des rivets furent percés avec des presses mues à bras d'hommes, et les 1 680 trous d'une seule caisse revinrent à 8 francs 75 centimes; mais, lorsque la fabrication eut été organisée de manière à livrer quatre-vingt-dix caisses par semaine, pendant six mois, la dépense du forage des trous fut réduite à 0 fr. 90 cent. environ, c'est-à-dire à peu près dans le rapport de 1 à 10.

L'organisation intérieure des ateliers ayant la plus grande influence sur le prix de fabrication, il faut connaître les principes généraux qui doivent y présider. Or, si la cerdoristique, comme elle est obligée de le faire aujourd'hui, se renfermant uniquement dans son objet, qui est la production économique, laisse de côté la personne morale de l'ouvrier, et ne considère celui-ci que comme un producteur et un directeur de force vive; de tous ces principes, le plus important, peut-être, a rapport à la *division du travail* entre les individus qui concourent à la production du produit manufacturé. Les premières applications de cette division remontent à l'origine de la société humaine; mais ce fut Adam Smith qui en démontra théoriquement toute l'importance, en prenant pour exemple la fabrication des épingles. Les causes des avantages offerts par la division du travail sont assez nombreuses. D'abord, le temps nécessaire pour apprendre un métier étant d'autant plus long que le métier entraîne plus de détails, l'apprentissage, au lieu de cinq à six années qu'il exige souvent, pourra être réduit à une ou deux, et quelquefois à moins, lorsque l'apprenti n'a plus à se former que sur une seule des opérations du métier. Les produits de l'horlogerie auraient toujours été maintenus à des prix excessifs, si les montres, les pendules et les autres appareils complets avaient dû être exécutés séparément par un seul individu. Il résulte, au contraire, d'une enquête faite devant la Chambre des communes en Angleterre, qu'il existe *cent deux* branches distinctes de cet art, dans chacune desquelles un enfant, mis en apprentissage, apprend uniquement le détail que fait son maître, et se trouve, à la fin de cet apprentissage, complétement incapable de travailler dans aucune autre branche de l'horlogerie, à moins qu'il n'en fasse une nouvelle étude spéciale. Le monteur de montres, qui arrange ensemble toutes les pièces fabriquées séparément, est le seul, sur les cent deux ouvriers, qui puisse travailler dans une branche quelconque de l'horlogerie différente de la sienne.

La division du travail diminue aussi le prix de la production, en diminuant la quantité de matière perdue par les essais successifs de l'apprenti dans un métier qui embrasserait beaucoup de détails. Elle prévient la perte de temps qui résulte toujours du passage d'une occupation à une autre, et du changement d'outils que nécessite le changement d'occupation. La répétition constante de la même opération de détail donne un autre avantage, qui résulte du degré d'habileté et de promptitude que l'ouvrier acquiert dans sa partie, et qu'il ne pourrait atteindre s'il était obligé de s'appliquer successivement à plusieurs opérations différentes. Un forgeron qui sait façonner des clous, mais qui n'est pas uniquement cloutier, ne peut pas faire plus de huit cents à mille clous par jour; tandis qu'un ouvrier qui n'a jamais exercé d'autre métier, en peut fabriquer plus de deux mille trois cents dans sa journée. Enfin, l'une des causes des avantages qui résultent de la division du travail, réside dans le principe suivant, énoncé par l'économiste italien Gioja, et auquel M. Babbage était parvenu de son côté: « En divisant l'ouvrage en plusieurs opérations distinctes, » dont chacune demande différens degrés d'adresse et de » force, on peut se procurer exactement la quantité précise » d'adresse et de force nécessaires pour chaque opération; » tandis que si l'ouvrage entier devait être exécuté par un » seul ouvrier, cet ouvrier devrait avoir à la fois assez d'a» dresse pour exécuter les opérations les plus délicates, et » assez de force pour exécuter les opérations les plus pé» nibles. »

De même, si on vient à faire abstraction de la perfectibilité de l'intelligence humaine, et qu'il s'agisse de mettre à profit les connaissances et la capacité acquises d'un certain nombre d'individus pour effectuer une besogne déterminée, la division du travail peut être employée avec un égal succès aux opérations de l'esprit comme aux travaux du corps, et là aussi elle procure une grande économie dans l'emploi du temps. La plus belle application de ce genre est due à M. de Prony. Le gouvernement révolutionnaire, qui venait d'établir le nouveau système des poids et mesures, avait décrété que des tables nouvelles, en harmonie avec le système décimal, seraient calculées, sur une échelle gigantesque, pour satisfaire à tous les besoins des sciences, et particulièrement à ceux de l'astronomie, de la géodésie et de la navigation. Chargé de la direction supérieure du travail, M. de Prony reconnut bientôt que, même en s'associant trois ou quatre habiles coopérateurs, la plus grande durée présumable de sa vie ne lui suffirait pas pour remplir ses engagemens. Il était poursuivi par cette fâcheuse pensée, lorsque le hasard mit sous ses yeux le passage du livre d'Adam Smith où il est question de la division du travail.

Aussitôt, et par une espèce d'inspiration, il conçut l'idée de mettre ses calculs en manufacture. Cinq ou six géomètres du premier ordre, composant le premier atelier de la première section, étaient uniquement occupés à la recherche des formules les plus commodes pour le calcul numérique : ils ne touchaient nullement au calcul même. Les formules adoptées étaient remises à la deuxième section. Celle-ci se composait de sept ou huit personnes très habituées aux mathématiques. Leurs fonctions consistaient à convertir les formules en nombres, opération qui demandait un soin tout particulier; à délivrer ces formules ainsi préparées aux membres de la troisième section, et à recevoir d'eux les calculs achevés. Enfin, ils vérifiaient ces calculs au moyen de méthodes particulières, sans être obligés de répéter ou même d'examiner l'ouvrage entier de la troisième section. Cette dernière comprenait de soixante à quatre-vingts individus, qui n'avaient plus que de simples additions ou soustractions à faire, pour trouver les nombres destinés à entrer dans les tables. On pourra se faire une idée de ce travail immense, quand on saura que les tables ainsi calculées embrassent dix-sept grands volumes in-folio.

Tout ce que nous venons de dire de la division du travail, sous le rapport de l'économie et de la promptitude de la fabrication, ne saurait être contesté; mais on doit reconnaître que, surtout lorsqu'on le pousse à l'extrême, et qu'on le comprend mal dans sa signification profonde, ce principe conduit à des conséquences désastreuses pour la dignité de l'homme. Quelle intelligence peut-on exiger de malheureux ouvriers, dont la vie entière se passe dans la répétition indéfinie des mêmes opérations mécaniques? Faut-il qu'à tout perfectionnement nouveau du mode de fabrication, on vienne limiter davantage la part que prend chacun d'eux dans la confection d'un objet déterminé? Ne voit-on pas les inconvéniens les plus graves résulter, au physique comme au moral, de cette continuité d'action qui développe certains muscles aux dépens de l'organisme général? N'est-on pas obligé, pour vaincre l'ennui inséparable de la répétition indéfinie des mêmes mouvemens, de ne payer qu'à raison de la quantité de travail exécuté, et de mettre ainsi la fatigue aux prises avec l'intérêt? C'est bien à tort que

l'on a représenté la division du travail comme propre à favoriser l'invention des outils et des machines. Il est digne de remarque, au contraire, que les procédés les plus ingénieux de l'industrie manufacturière ont été imaginés plutôt par des hommes étrangers à cette industrie, que par des ouvriers occupés d'une des branches de détail. Arkwright, l'inventeur de l'admirable mécanisme à filer le coton, fut barbier et marchand de cheveux jusqu'à l'âge de plus de vingt-huit ans; Jacquart, l'auteur du beau métier à tisser les rubans, était un obscur fabricant de chapeaux de paille; Sennefelder, l'inventeur de la lithographie, était un chanteur dans les chœurs du théâtre de Munich. L'histoire de la technologie fournirait une foule d'exemples de ce genre ; et il est curieux d'observer que M. Babbage, qui a su, avec tant d'art, confirmer par des faits tous les principes qu'il a posés, n'ait pu en citer un seul à l'appui de l'assertion que nous combattons. On ne peut méconnaître non plus que, dans certaines opérations très fatigantes pour une partie du corps, il n'y ait avantage à changer la nature du travail auquel l'ouvrier est occupé. C'est ainsi que, sur les routes de Suisse, l'homme qui casse le caillou, charge lui-même, dans une espèce de petite trémie, les pierres brutes que leur propre poids amène successivement sur l'enclume où la masse doit les briser. Le travail à la pelle pour le remplissage de la trémie met en action d'autres muscles que ceux qui sont employés à la manœuvre du marteau, et il est loin d'ajouter à la fatigue de l'ouvrier. Cet avantage ne se trouve pas dans le procédé anglais, où un enfant est chargé de placer, sans interruption, sur l'enclume, les cailloux à briser par le casseur. Mais le principe de la division du travail cesse de choquer l'intelligence et la dignité de l'homme, dès qu'il est appliqué à des organes mécaniques. C'est dans ce sens qu'il est véritablement appelé à prendre une extension indéfinie à mesure que la science des machines se développera davantage. Cette tendance n'a pas échappé à M. Andrew Ure; mais il l'attribue à des motifs que nous ne saurions admettre. Il pense que « dès qu'un procédé demande de la dex-
» térité et une main sûre, on le retire au plus tôt à l'ou-
» vrier *trop* adroit, et souvent enclin à des irrégularités
» de plusieurs genres, pour en charger un mécanisme par-

» ticulier.... Plus l'ouvrier est habile plus il devient volon- » taire et intraitable, et, par conséquent, moins il est propre » à un système de mécanique, à l'ensemble duquel ses bou- » tades capricieuses peuvent faire un tort considérable.... » Quant aux limites où doit s'arrêter l'application des machines, il est impossible de les fixer d'avance. Chaque année, pour ainsi dire, en voit éclore de nouvelles, qui auraient paru inexécutables peu de temps auparavant. Notre célèbre compatriote M. Brunel, n'a-t-il pas inventé et organisé une fabrique de souliers à la mécanique, où une foule d'opérations peuvent être exécutées avec précision par des ouvriers auxquels il manque un bras ou une jambe!

Lorsqu'il s'agit de travaux d'esprit d'un ordre relevé, qui exigent le plein exercice de l'intelligence plutôt que l'achèvement d'une certaine besogne à une époque déterminée, on ne peut méconnaître non plus les avantages de la variété dans les occupations. L'admirable organisation du travail à l'Ecole Polytechnique est presque entièrement fondée sur ce principe, et elle a constamment produit les plus heureux effets. L'esprit se repose, pour ainsi dire, en passant d'un exercice à un autre, et il est possible d'acquérir en deux années des connaissances variées, qui exigeraient beaucoup plus de temps s'il fallait se livrer en une seule fois aux études qu'elles comportent.

Le nombre des ouvriers à employer dans un nouvel établissement industriel est un des élémens les plus importans que l'on ait à déterminer. On cherchera donc, conformément à nos principes, à faire exécuter mécaniquement toutes les opérations qui en sont susceptibles, et à coordonner les travaux de la fabrique de telle sorte qu'il n'y ait jamais de temps perdu, et que le nombre d'ouvriers employés à un certain genre de travail soit en rapport direct avec le temps exigé pour ce travail. Lorsque l'expérience a fait reconnaître la succession la plus avantageuse des opérations partielles dans lesquelles doit se diviser la fabrication, et le nombre des ouvriers qui doivent y être employés, tous les établissemens qui n'adopteront pas pour le nombre de leurs ouvriers un multiple exact du premier, fabriqueront avec moins d'économie. Un exemple simple fera comprendre l'importance de ce précepte. La confection des plumes métalliques se compose de trois opérations distinctes : couper la feuille suivant des morceaux de grandeur convenable ; pratiquer la fente ; donner aux morceaux la forme demi-cylindrique. Une presse à volant est consacrée à chacune de ces opérations ; mais comme en raison de l'ajustage des petites pièces il faut deux fois plus de temps pour la seconde, et trois fois plus de temps pour la troisième que pour la première, et que chaque presse doit être servie par un ouvrier, on a trouvé avantageux d'employer à la fois deux presses à fendre et trois presses à courber, pour une seule presse à tailler. Si la fabrication est entreprise sur une plus grande échelle, on ne pourra, sans manquer aux lois les plus simples de l'économie, se dispenser de monter à la fois douze, dix-huit, vingt-quatre.... presses en maintenant les proportions de 1, à 2 et à 3 pour celles de chaque espèce.

Une considération de ce genre suffirait seule pour faire pressentir l'avantage des grands établissemens industriels, en ce qui concerne l'économie dans la production. Mais cet avantage tient encore à beaucoup d'autres causes. D'abord on peut se passer de cette classe intermédiaire de demi-négocians, qui se trouvent trop souvent entre le marchand et le manufacturier, au détriment de l'un et de l'autre. Les grandes maisons peuvent supporter les dépenses exigées par des recherches lointaines, par des tentatives d'améliorations qui ruineraient infailliblement de petites fabriques. L'intérêt bien entendu des grandes maisons leur fait une habitude, sinon un devoir, de la plus stricte probité, dans l'exécution de leurs engagemens, et le marchand peut économiser, en s'adressant à elles, des frais de vérification souvent fort coûteux.

Pour se faire une idée de la nécessité de ces vérifications, lorsque la marchandise est d'origine suspecte, il faut savoir jusqu'à quel degré le génie de la fraude s'est exercé à des altérations et à des malfaçons de tous les genres. Tantôt ce sont de vieilles graines de luzerne et de trèfle auxquelles on donne une si belle apparence qu'elles se vendent d'abord plus cher que celles de la meilleur qualité ; et lorsqu'on les sème, il n'en germe pas plus d'une sur cent ; encore ce germe périt-il bientôt. Là, c'est du lin que l'on mouille et que l'on mélange avec de la terre grasse pour en augmenter le poids. Ailleurs, ce sont des milliers de pièces d'horlogerie de luxe, que l'on exporte au loin, et dont les mouvemens ne peuvent marcher plus d'une demi-heure. L'effet immédiat de ces manœuvres coupables est une baisse générale pour la marchandise falsifiée; puis bientôt après, une hausse équivalente aux frais de la vérification à laquelle doivent être soumis, par l'acheteur, tous les produits du même genre.

Il est assez difficile d'apprécier l'influence de la durée des marchandises sur leur prix. On évaluera plus exactement la dépense due à l'établissement et au dépérissement des machines. Mais, en général, dans un pays où l'industrie est avancée, celles-ci doivent être remplacées par de nouvelles inventions plus parfaites, bien avant qu'elles ne soient usées. En Angleterre, dans le calcul de l'avantage d'une nouvelle machine, on suppose ordinairement qu'elle devra s'etre payée elle-même dans l'espace de cinq ans, et que, dans dix ans, elle sera remplacée par une machine supérieure.

La recherche du prix de chaque détail de fabrication dans une industrie importante, est un des sujets d'étude les plus intéressans que l'on puisse entreprendre. Une analyse exacte des différentes parties de la fabrication a surtout l'avantage d'indiquer les points principaux à perfectionner. On ne produirait pas d'effet sensible sur le prix des épingles, quand bien même on réduirait de moitié le temps employé à enrouler en paquets le fil de cuivre qui est destiné à former les têtes. Au contraire, on diminuerait de 13 pour 100 les frais de fabrication, si l'on inventait un procédé qui ne réduirait, même que d'un quart, le temps employé pour fixer ces têtes. Il est dont évident qu'il sera plus utile de chercher à abréger la seconde de ces opérations que la première.

Le choix de l'emplacement d'une manufacture est ordinairement déterminé par des circonstances que savent apprécier tous ceux qui se sont occupés d'industrie. Il faut l'établir, autant que possible, à proximité des matières premières et des grands centres de communication, ou au moins près des voies de communication faciles qui permettent des transports économiques. Le plus grand avantage que l'Angleterre ait sur nous dans la fabrication du fer, tient à ce que la pierre calcaire destinée à servir de fondant, et la houille, se trouvent dans la même localité que le minerai de fer. Quelquefois néanmoins les procédés de fabrication atteignent un si haut degré de perfection, qu'un pays trouve du profit à aller chercher au loin les matières premières nécessaires à certaines industries. Tel est le cas de la filature et du tissage du coton en France et en Angleterre. Ce dernier pays réalise même d'immenses bénéfices en exportant aux Indes les étoffes provenant du coton qu'il en a tiré.

§ 8. *Réflexions sur l'histoire et sur la tendance de la technologie.*

La découverte des procédés technologiques élémentaires remonte à l'époque la plus reculée, et se perd dans la nuit des temps. Il est remarquable que la plupart des anciens peuples se soient accordés à faire intervenir la divinité ou au moins l'inspiration divine pour l'enseignement de ces premières applications des arts. Les antiques annales de l'Egypte et de la Grèce, tout aussi bien que les traditions du Mexique et du Pérou dans le Nouveau-Monde, sont unanimes sur ce point. Le livre sacré des Hébreux lui-même porte les traces de la croyance commune, pour ce qui concerne les vêtemens. « L'éternel Dieu, y est-il dit, fit à Adam et à sa femme des tuniques de peau, et les en revêtit. » Cet accord, entre les sentimens de nations séparées par de si grands intervalles de temps et d'espace, est bien digne d'attirer l'attention du philosophe. L'histoire de la technologie présente encore un autre fait non moins remarquable. On voit, depuis des époques plus ou moins reculées, l'homme pratiquer des procédés d'une grande complication, ou suivre des règles, bizarres en apparence, dans l'exécution de ses travaux matériels. Il ne possédait certainement pas à ces époques les théories scientifiques, encore incomplètes aujourd'hui, qui expliquent le mode de traitement à faire subir aux minerais pour l'extraction de certains métaux. Il n'avait pas la moindre notion de l'application de la science du calcul aux constructions; et cependant, chose singulière! il était souvent parvenu à déterminer, avec une exactitude que l'on n'a pas surpassée depuis, les proportions des formes, les quantités des mélanges, et les moindres détails des opérations les plus compliquées. Le traitement des minerais argentifères de l'Amérique (voyez AMALGAMATION), le renflement des colonnes antiques (voyez COLONNE), la courbure des consoles et des modillons des édifices grecs, les arcs-boutans évidés des églises d'architecture ogivale, causent l'étonnement et l'admiration même, lorsque l'on voit quels progrès les sciences ont dû faire pour en expliquer et en légitimer toutes les règles. Ces traditions antiques et respectables, ces faits surprenans qui caractérisent l'histoire de la technologie, sont à nos yeux des preuves irrécusables de l'action providentielle qui préside au développement du genre humain. L'inspiration a, dans l'enfance du monde, devancé la science, et y a suppléé en quelque façon; de même que, dans la série des êtres vivans, l'instinct paraît être développé en raison inverse de l'intelligence.

L'époque des premières applications méthodiques des sciences à la technologie vit naître quelques idées chimériques, expression frappante de l'attrait irrésistible qui entraîne l'homme vers la sphère de l'infini. Nous ne savons pas à quelle date précise remontent les fameux problèmes de la *pierre philosophale* et du *mouvement perpétuel;* mais nous les voyons occuper fortement des hommes éminens au moyen-âge, et c'est à grand'peine que la science est parvenue à les bannir de son domaine vers le commencement du siècle dernier. On a trop méconnu l'importance philosophique et la portée réelle de ces grandes erreurs de l'esprit humain. Sans aucun doute, ce serait aujourd'hui une insigne folie de chercher une substance merveilleuse propre à préserver de toute maladie, à donner une jeunesse éternelle, à transformer tous les métaux en or. Mais pourquoi ne croirions-nous pas à la possibilité d'anéantir peu à peu la majeure partie des influences délétères qui permettent à si peu d'individus de parvenir à un âge avancé? Depuis moins d'un demi-siècle, on a déjà constaté un accroissement d'environ quatre années dans la durée de la vie moyenne : *quel espoir un pareil résultat ne doit-il pas donner pour l'avenir!* Quant à la transmutation des métaux, celui qui en nierait aujourd'hui la possibilité absolue nous paraîtrait aussi insensé que l'alchimiste qui cherche encore à l'opérer au fond d'une obscure officine. La raison ne se révolte-t-elle pas lorsqu'il faut admettre *cinquante-cinq* corps prétendus simples, dont le nombre augmente tous les jours? L'étude des corps *isomères*, si fréquens dans la chimie végétale, qui, avec la même composition, ont des propriétés et une apparence parfois très dissemblables, est appelée à éclaircir un jour cette importante question. M. Dumas, qui a fait de l'isomérie l'objet de recherches spéciales, et dont l'autorité est si imposante en pareille matière, a déjà signalé depuis dix ans l'identité de poids atomiques de beaucoup de corps simples, lorsque l'on compare ces poids ou leurs multiples et sous-multiples doubles : et, ce qui est plus singulier encore, les corps qu'il est possible de rapprocher de cette manière dans un même groupe présentent presque tous d'autres caractères d'analogie par leurs propriétés physiques et chimiques. C'est ainsi que les poids de l'atome de cobalt, de l'atome de nickel, et de la moitié de l'atome de l'étain, sont égaux; que dans un autre groupe on voit figurer celui du platine et de l'iridium; dans un autre, celui du silicium, et le double de celui du bore, etc.

Pour ce qui concerne le mouvement perpétuel, l'impossibilité absolue est manifeste; elle résulte de ce qu'il y a contradiction entre les termes de la question et les préceptes fondamentaux de la dynamique. Mais si l'on examine l'effet des progrès récens de la mécanique appliquée, si l'on observe qu'à l'aide de la machine à vapeur, cette merveille de l'industrie moderne, l'homme est parvenu à développer, avec un peu d'eau et de charbon, une force incomparablement plus grande que celle qu'il lui a fallu dépenser pour se procurer cette eau et ce charbon, on reconnaîtra, qu'en ce sens, il est parvenu à réaliser un mouvement perpétuel analogue à celui dont la nature nous fournit un exemple dans le cours des rivières. Ainsi, une machine à vapeur convenablement installée, qui effectuerait elle-même tous les travaux d'exploitation d'une houillère, extrairait une quantité de houille et pomperait au besoin un volume d'eau plus que suffisans pour assurer sa marche, et dans certains cas elle fournirait de quoi alimenter un grand nombre de machines d'une force équivalente ou supérieure à la sienne. Cela résulte clairement de ce que le travail dépensé pour l'exploitation de la mine et pour l'extraction d'un poids déterminé de houille est moindre que le travail produit par la machine, lorsque l'on y brûle ce poids de houille. Ce qu'il y a de remarquable, c'est que la machine à vapeur est la première qui ait produit des effets de ce genre par l'influence de l'industrie de l'homme, et sans l'intervention directe d'une force motrice développée librement par la nature, comme celle des vents et des cours d'eau.

Nous ne pourrions, sans nous éloigner trop du cadre de ce livre, chercher à suivre la technologie aux différentes époques de son histoire. Nous dirons seulement qu'une des circonstances les plus caractéristiques de cette histoire est le mépris que l'on a long-temps attaché aux professions mécaniques. Les Grecs abandonnaient aux esclaves le soin de la culture des terres et des métiers nécessaires à la vie. Les Romains, qui tenaient l'agriculture en si grand honneur, regardaient aussi les autres travaux manuels comme indignes d'un homme libre. Ce préjugé, défavorable aux artisans, se perpétua à travers les guerres et les luttes du moyen âge; et lorsque d'Alembert et Diderot écrivirent leur Encyclopédie, ils crurent nécessaire d'opérer une réaction en faveur de la technologie et de ceux qui la pratiquent. Ils lui donnèrent la plus grande part dans leur ouvrage, et n'épargnèrent aucun soin, aucune dépense, pour décrire avec convenance et exactitude ses procédés les plus remarquables. Aujourd'hui, grâce aux progrès de la raison publique, progrès sur lesquels les encyclopédistes du dix-huitième siècle ont exercé une si grande influence, ce qu'il y avait d'injuste dans le préjugé nous semble avoir disparu. On a vu de simples artisans s'élever par leur mérite aux premiers rangs de la société, sans que le souvenir de leur profession ait eu d'autre effet que de les faire paraître plus estimables. On ne peut nier cependant que, dans l'état actuel de l'organisation sociale et industrielle, il n'y ait un certain nombre de métiers dégoûtans ou grossiers, dont l'exercice ne demande qu'une bien faible part d'intelligence. La répugnance que l'on ressent généralement pour des professions de ce genre est motivée, et c'est en vain qu'on chercherait à la combattre par des sophismes. Il est important d'ailleurs de répéter que la pitié n'est pas le seul sentiment que l'on doive éprouver pour les malheureux attachés à ces rudes métiers; c'est aussi un devoir de chercher à les soulager dans la tâche qui leur est imposée; et les perfectionnemens de la technologie, en multipliant les machines, en transformant la nature des matières les plus rebutantes, sont destinés à rendre sous ce rapport des services incalculables.

Nous avons signalé dans le cours de cet essai les principes généraux qui dominent les progrès de la technologie. Mais les caractères extérieurs les plus saillans de ces progrès sont : pour la chimie industrielle, l'emploi et l'utilisation de tous les résidus qui proviennent d'une réaction déterminée; pour la mécanique expliquée, la substitution d'une continuité parfaite aux mouvemens discontinus que l'on observe dans toutes les anciennes machines. « Chaque jour, dit M. Pelouze, voit diminuer le nombre des résidus dans les fabriques; partout on cherche à les utiliser, à les faire repasser dans leur état primitif, ou dans un état, quel qu'il soit, qui permette de les employer de nouveau. Et n'est-ce pas un objet digne de la plus vive sollicitude des chimistes et des manufacturiers, de voir que chaque année en Europe plus de cent millions de francs d'acide sulfurique, après avoir servi d'intermédiaire dans la fabrication de la soude, soient perdus sans retour? » Quant à la continuité du mouvement, on la remarque aujourd'hui dans les filatures, dans la plupart des métiers à tisser, dans les imprimeries mécaniques, dans les organes principaux de la machine à vapeur, et dans une foule d'autres cas encore.

Les données historiques sont encore trop peu nombreuses, l'organisation de l'homme en société remonte à une époque trop récente, pour qu'il soit possible de formuler la loi qui préside au développement de l'esprit humain. Cependant, l'essor prodigieux de la technologie depuis les dernières années du siècle dernier, permet de conjecturer que, sous un certain rapport au moins, et à un certain point de la période, ce développement doit s'opérer avec une vitesse croissant beaucoup plus rapidement que le temps.

Il faut avouer que la technologie a pris, de nos jours surtout, une grande avance sur quelques autres connaissances humaines, et tout porte à croire que celles-ci ne pourront pas de long-temps la suivre dans sa marche rapide. Aux yeux d'un certain nombre d'hommes, fidèles représentans des instincts les plus grossiers de notre époque, ce fait a pris la place du droit. A les en croire, le règne de la pensée serait fini sans retour; l'homme n'aurait plus qu'un but unique, qu'une destinée à remplir; qu'à poursuivre le bien-être matériel; il devrait ne plus cultiver la science que pour le profit qu'il peut en tirer, et réprimer les élans de l'imagination et de l'intelligence. Nous n'avons pas besoin de parler longuement ici de notre mépris et de notre haine pour de pareilles doctrines. Mais si, après les éloquentes protestations qui se sont déjà fait entendre contre le matérialisme du siècle, nous cherchons à faire ressortir l'importance de la technologie; si nous désirons voir ses progrès se continuer encore, lorsque la connaissance morale de l'homme est si peu avancée, c'est au nom de l'intelligence et de l'humanité que nous formons ce vœu: au nom de l'intelligence, car elle ne peut s'exercer librement que lorsque la matière lui est asservie; au nom de l'humanité; car il importe de faire disparaître d'au milieu de nous ces travaux pénibles et rebutans, où se consument encore tant d'existences et qui rappellent d'une manière trop frappante les misères de l'esclavage antique.

FIN.

www.ingramcontent.com/pod-product-compliance
Ingram Content Group UK Ltd.
Pitfield, Milton Keynes, MK11 3LW, UK
UKHW021136230726
13926UKWH00002B/836